Biología Celular y Molecular Avanzada

Una inmersión profunda en la investigación de vanguardia, técnicas moleculares y fronteras emergentes en la ciencia celular

Escrito por

Bolakale Aremu

Biología Celular y Molecular Avanzada

Una inmersión profunda en la investigación de vanguardia, técnicas moleculares y fronteras emergentes en la ciencia celular

Publicado en los Estados Unidos

ISBN: 979-8-3492-5439-0

Descargo de responsabilidad

Aunque los autores y el editor han hecho todo lo posible para garantizar que la información de este libro fuera correcta en el momento de la publicación, los autores y el editor no asumen ninguna responsabilidad y por la presente rechazan cualquier responsabilidad ante cualquier parte por cualquier pérdida, daño o interrupción causados por errores u omisiones, ya sea que dichos errores u omisiones resulten de negligencia, accidente o cualquier otra causa. Este libro no pretende sustituir el asesoramiento médico de los médicos. El lector debe consultar regularmente a un médico en asuntos relacionados con su salud y, en particular, con respecto a cualquier síntoma que pueda requerir un diagnóstico o atención médica.

Todas las imágenes utilizadas en este libro son libres de regalías, de dominio público o han sido obtenidas de varios sitios web con la debida atribución y enlaces a los sitios web de los propietarios originales cuando corresponde. Estas imágenes se utilizan únicamente con fines educativos e ilustrativos, con total respeto a los derechos de los creadores originales.

El diseño de la portada y algunas ilustraciones seleccionadas fueron creados por el talentoso equipo creativo de AB Publisher LLC, una empresa de tecnología educativa y publicación. El contenido escrito fue desarrollado por los expertos creadores y educadores de AB Publisher LLC, con el objetivo de proporcionar material educativo accesible y de alta calidad a estudiantes de todo el mundo.

Para cualquier consulta, comuníquese a: ABPublisherLLC@Gmail.com

Tabla de Contenidos

0. Prólogo

0.1. Sobre Este Libro

¡Descubre los Secretos de la Célula—Más Allá de lo Básico! ¿Estás listo para ir más allá de la biología fundamental y sumergirte en la vanguardia de la ciencia moderna? **Biología Celular y Molecular Avanzada** es tu puerta de entrada al siguiente nivel de comprensión.

Diseñado para estudiantes de nivel avanzado, investigadores y profesionales, esta guía explora los intrincados mecanismos moleculares que rigen la vida, las tecnologías transformadoras que están revolucionando la investigación biológica y los descubrimientos que están moldeando el futuro de la medicina, la genética y la biotecnología.

Desde la edición genética con CRISPR y la remodelación de la cromatina hasta el análisis de células individuales, la biología sintética y la señalización celular en el cáncer, cada capítulo ofrece un análisis profundo basado en la investigación sobre el latido molecular de las células.

Lo que distingue a este libro es su estructura modular y concisa, cuidadosamente diseñada para maximizar la claridad y la eficiencia del aprendizaje sin sacrificar profundidad. El formato en viñetas y los subtemas enfocados permiten a los lectores comprender rápidamente ideas complejas, lo que hace que este libro sea ideal para una referencia rápida, la preparación de exámenes o el apoyo a la investigación en movimiento.

En este libro encontrarás:

- Explicaciones claras y concisas de procesos biológicos complejos.
- Ilustraciones y diagramas de alta calidad para una mejor comprensión.
- Información actualizada basada en investigaciones y aplicaciones científicas del mundo real.
- Un diseño modular de capítulos para un aprendizaje flexible y

enfocado.

- Secciones compactas que facilitan tanto el estudio profundo como la revisión rápida.

Ya sea que te estés preparando para estudios de posgrado, realizando investigaciones de vanguardia o trabajando en las industrias biotecnológica o biomédica, este libro afinará tu experiencia y ampliará tu perspectiva científica.

Ahora puedes explorar la frontera de las ciencias de la vida y dominar la complejidad de la célula—con precisión, claridad y conocimiento.

Características Clave de Este Libro:

- **Enfoque Avanzado:** Diseñado específicamente para lectores con conocimientos previos de biología básica y ciencia molecular.
- **Temas de Vanguardia:** Cubre los desarrollos recientes en regulación genética, biología de sistemas, biotecnología terapéutica y más.
- **Técnicas y Herramientas:** Presenta las últimas técnicas experimentales y analíticas en la investigación moderna de biología celular.
- **Visuales Relevantes:** Incluye una o dos imágenes de alta calidad para respaldar conceptos y experimentos complejos.
- **Estructura Modular:** Sistema de numeración fácil de seguir para una navegación y referencia sin problemas.
- **Aplicaciones del Mundo Real:** Destaca cómo se aplica la biología molecular en contextos médicos, industriales y académicos.

Ya sea que estés avanzando en tu educación, realizando investigaciones o simplemente apasionado por la ciencia biológica, este libro ofrece una valiosa guía a través del emocionante y siempre cambiante mundo de la biología celular y molecular.

0.2. Abreviaciones y Terminología

Para facilitar la comprensión a lo largo de este libro, a continuación se presenta una lista de abreviaciones comunes y términos especializados utilizados frecuentemente en el campo de la biología celular y molecular avanzada. Aunque muchos términos se definen en su contexto, esta sección sirve como una guía de referencia rápida.

0.2.1. Abreviaciones Comunes

Abreviación	Término Completo
DNA	Ácido Desoxirribonucleico
RNA	Ácido Ribonucleico
mRNA	ARN Mensajero
tRNA	ARN de Transferencia
rRNA	ARN Ribosómico
miRNA	MicroARN
siRNA	ARN de Interferencia Pequeño
ATP	Trifosfato de Adenosina
ADP	Difosfato de Adenosina

Abreviación	Término Completo
NAD^+	Dinucleótido de Nicotinamida y Adenina

NADH	Dinucleótido de Nicotinamida y Adenina Reducido
FAD	Dinucleótido de Flavina y Adenina
cAMP	Monofosfato de Adenosina Cíclico
PCR	Reacción en Cadena de la Polimerasa
qPCR	PCR Cuantitativa
CRISPR	Repeticiones Palindrómicas Cortas Agrupadas y Regularmente Interespaciadas
Cas9	Proteína Asociada a CRISPR 9
ER	Retículo Endoplasmático

Abreviación	**Término Completo**
RER	Retículo Endoplasmático Rugoso
ECM	Matriz Extracelular
GFP	Proteína Fluorescente Verde
SDS-PAGE	Electroforesis en Gel de Poliacrilamida con Dodecil Sulfato de Sodio
ELISA	Ensayo por Inmunoadsorción Ligado a Enzimas
FISH	Hibridación In Situ por Fluorescencia
TEM	Microscopía Electrónica de Transmisión
SEM	Microscopía Electrónica de Barrido
NGS	Secuenciación de Nueva Generación
RT	Transcripción Inversa

RT-PCR	Reacción en Cadena de la Polimerasa con Transcripción Inversa
siRNA	RNA de Interferencia Pequeño
snRNA	RNA Nuclear Pequeño
UTR	Región No Traducida
ORF	Marco de Lectura Abierto

Terminología Clave

- **Apoptosis:** Muerte celular programada, un proceso regulado para eliminar células dañadas o innecesarias.
- **Epigenética:** El estudio de cambios hereditarios en la función génica que no implican modificaciones en la secuencia de ADN.
- **Transcripción:** El proceso mediante el cual un segmento de ADN se copia en ARN.
- **Traducción:** La síntesis de proteínas basada en la secuencia codificada en el ARNm.
- **Expresión Génica:** El proceso mediante el cual la información genética se utiliza para producir proteínas o moléculas de ARN.
- **Transducción de Señales:** El proceso mediante el cual una célula responde a señales de su entorno a través de una serie de eventos moleculares.

- **Edición del Genoma:** Técnicas como CRISPR-Cas9 que permiten modificaciones precisas en el ADN de organismos vivos.
- **Biología Sintética:** El diseño y construcción de nuevas partes, dispositivos y sistemas biológicos.
- **Clonación Molecular:** Técnicas utilizadas para replicar y manipular secuencias de ADN en entornos de laboratorio.
- **Proteómica:** El estudio a gran escala de las proteínas, en particular sus estructuras y funciones.
- **Transcriptómica:** El estudio de los transcriptos de ARN producidos por el genoma en circunstancias específicas.

Parte I: Fundamentos de la Biología Celular Avanzada

1. Arquitectura Celular y Función Revisitadas

1.1. Células Procariotas vs. Eucariotas

Comprender las diferencias fundamentales entre las células procariotas y eucariotas es esencial antes de profundizar en los mecanismos moleculares y celulares avanzados. Si bien estos dos tipos de células comparten muchas características básicas, difieren significativamente en su estructura, complejidad y mecanismos de regulación, diferencias que son fundamentales tanto en la investigación como en las ciencias biológicas aplicadas.

1.1.1. Descripción General de los Tipos de Células

Células Procariotas
Son organismos unicelulares simples que carecen de núcleo y orgánulos delimitados por membranas. Su material genético se encuentra en una única molécula de ADN circular ubicada en la región del nucleoide. Las bacterias y las arqueas son los principales dominios de la vida que incluyen organismos procariotas.

Células Eucariotas
Las células eucariotas son estructuralmente complejas y pueden ser unicelulares o multicelulares. Poseen un núcleo verdadero rodeado por una envoltura nuclear, así como numerosos orgánulos delimitados por membranas, como las mitocondrias, el retículo endoplasmático y el aparato de Golgi. Los eucariotas incluyen protistas, hongos, plantas y animales.

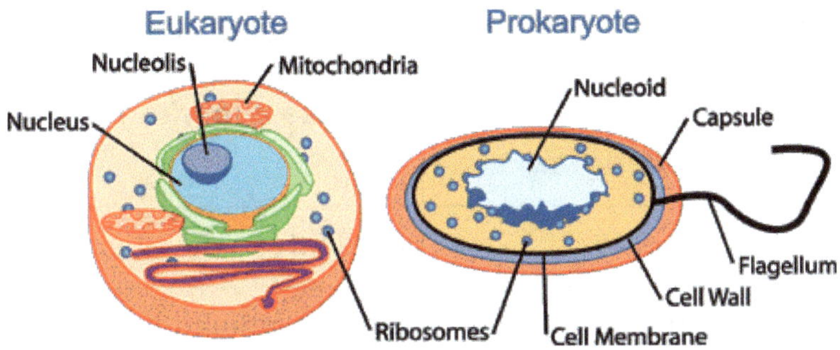

Figura 1.1: Diagrama que muestra las diferencias estructurales clave entre células procariontes y eucariontes, destacando el núcleo, los orgánulos y la pared celular. Fuente: Wikimedia. Enlace: https://commons.wikimedia.org/wiki/File:Celltypes.png

Traducción al Español de las Etiquetas:

Eukaryote → Eucariota

- Nucleus → Núcleo
- Nucleolus → Nucléolo
- Mitochondria → Mitocondria
- Ribosomes → Ribosomas

Prokaryote → Procariota

- Nucleoid → Nucleoide
- Capsule → Cápsula
- Cell Wall → Pared Celular
- Cell Membrane → Membrana Celular
- Flagellum → Flagelo

1.1.2. Tabla Comparativa: Procariotas vs. Eucariotas

Característica	Células Procariotas	Células Eucariotas
Núcleo	Ausente	Presente
Forma del ADN	Circular (desnudo)	Lineal, asociado con histonas
Orgánulos	Ninguno (excepto ribosomas)	Orgánulos rodeados por membrana presentes
División Celular	Fisión binaria	Mitosis o meiosis
Tamaño	Normalmente 0.1–5 µm	Normalmente 10–100 µm
Ribosomas	70S	80S (citoplasmáticos), 70S (mitocondrias/cloroplastos)
Pared Celular	Peptidoglucano (en bacterias)	Celulosa (plantas), quitina (hongos), ausente en animales
Ejemplos	E. coli, Streptococcus, Arqueas	Levaduras, Paramecium, células humanas

1.1.3. Implicaciones Estructurales y Funcionales

- **Organización del Genoma**: Los procariotas suelen contener un genoma único y compacto, mientras que los eucariotas tienen múltiples cromosomas dentro de un núcleo. Esto influye en la regulación génica, la replicación y la epigenética.

- **Compartimentación**: Los orgánulos eucariotas permiten la existencia de entornos especializados, lo que aumenta la eficiencia y la regulación de procesos celulares como la producción de energía y la síntesis de proteínas.
- **Comunicación Celular**: Las células eucariotas utilizan redes de señalización complejas y estructuras como vesículas y vías del citoesqueleto, mientras que los procariotas dependen de vías de transducción de señales más simples pero altamente reactivas.
- **Regulación Génica**: La expresión génica en procariotas suele ser policistrónica (varios genes por transcrito), mientras que en eucariotas es mayormente monocistrónica y está altamente regulada mediante potenciadores (*enhancers*), silenciadores (*silencers*) y remodelación de la cromatina.

1.1.4. Perspectiva Científica: Enfoque Evolutivo

La teoría endosimbiótica proporciona una explicación convincente sobre el origen de las mitocondrias y los cloroplastos en las células eucariotas, sugiriendo que estos orgánulos fueron en su día procariotas de vida libre. Esta teoría está respaldada por la presencia de membranas dobles, ribosomas 70S y ADN circular dentro de estos orgánulos.

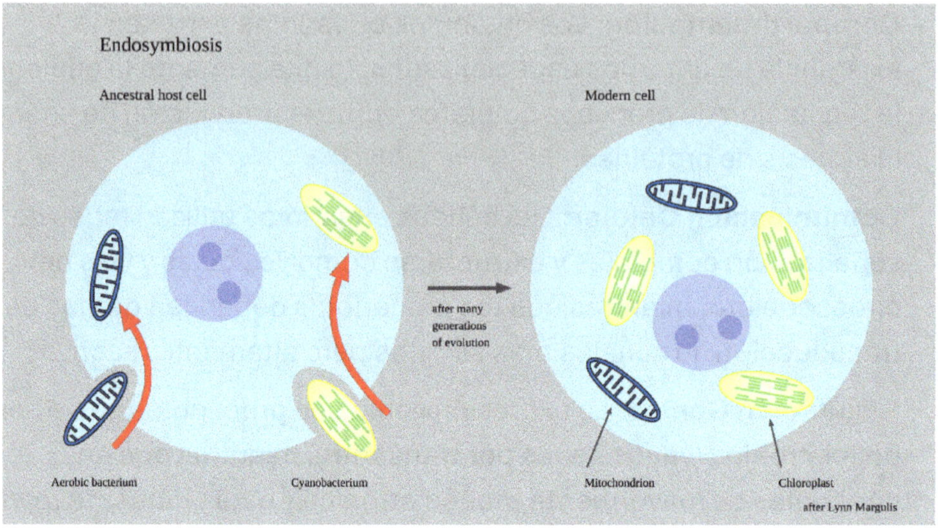

Figura 1.2: Representación visual de la teoría endosimbiótica, que muestra la absorción de un procariota por una célula eucariota ancestral. Fuente: Wikimedia. Enlace: https://commons.wikimedia.org/wiki/File:Endosymbiosis.svg

Traducción al Español de las Etiquetas:

- Endosymbiosis → Endosimbiosis
- Ancestral host cell → Célula huésped ancestral
- Aerobic bacterium → Bacteria aeróbica
- Cyanobacterium → Cianobacteria
- After many generations of evolution → Después de muchas generaciones de evolución
- Modern cell → Célula moderna
- Mitochondrion → Mitocondria
- Chloroplast → Cloroplasto
- After Lynn Margulis → Basado en Lynn Margulis

1.2. Organelos y Compartimentos Subcelulares

La complejidad y especialización de las células eucariotas se deben en gran medida a su organización interna en organelos delimitados por membranas y compartimentos subcelulares. Estas estructuras permiten la compartimentación espacial y funcional, posibilitando que múltiples reacciones bioquímicas ocurran de manera simultánea y eficiente. Comprender la función, estructura e interacciones dinámicas de estos compartimentos es fundamental para la biología celular avanzada.

1.2.1. Principales Organelos y Sus Funciones

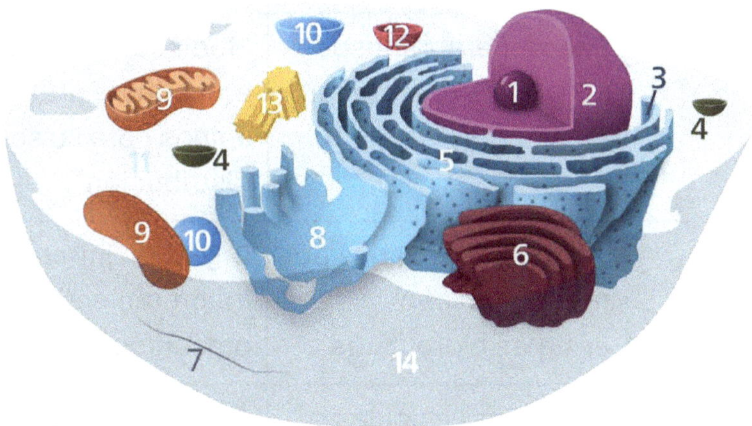

Figura 1.3: Diagrama etiquetado de una célula eucariota típica que muestra los orgánulos clave y sus ubicaciones. Fuente: Wikimedia. Enlace: https://commons.wikimedia.org/wiki/File:Animal_Cell.svg

Orgánulo	Estructura	Función
Núcleo	Doble membrana con poros nucleares	Almacena material genético, sitio de replicación del ADN y transcripción

Mitocondrias	Doble membrana con pliegues internos (crestas)	Producción de ATP mediante fosforilación oxidativa, regulación de la apoptosis
Retículo Endoplasmático (RE)	Red de túbulos membranosos	El RE rugoso sintetiza proteínas; el RE liso sintetiza lípidos y desintoxica fármacos
Aparato de Golgi	Sacos membranosos aplanados (cisternas)	Modifica, clasifica y empaqueta proteínas y lípidos para su secreción o distribución
Lisosomas	Vesículas rodeadas por membrana con enzimas hidrolíticas	Digestión intracelular de macromoléculas y orgánulos
Peroxisomas	Pequeñas vesículas rodeadas por membrana	Degradación de ácidos grasos y desintoxicación del peróxido de hidrógeno
Cloroplastos (en plantas)	Doble membrana, pilas de tilacoides (grana)	Fotosíntesis—conversión de energía lumínica en energía química
Vacuolas	Grandes vesículas (prominentes en plantas)	Almacenamiento, eliminación de desechos, mantenimiento de la presión de turgencia

Citoesqueleto	Red de microtúbulos, microfilamentos y filamentos intermedios	Mantiene la forma celular, permite el movimiento y el transporte intracelular
Ribosomas	Compuestos de ARNr y proteínas; libres o unidos al RE	Síntesis de proteínas (traducción)

1.2.2. Compartimentos Subcelulares y Zonación Funcional

- **Nucléolo:** Región densa dentro del núcleo donde se sintetiza el ARN ribosómico (ARNr) y se ensamblan las subunidades ribosómicas.
- **Endosomas:** Participan en la clasificación y el tráfico de materiales internalizados desde la membrana plasmática.
- **Vesículas de Transporte:** Transportan proteínas y lípidos entre los orgánulos, a menudo recubiertas con proteínas como clatrina o COPI/COPII.
- **Citosol vs. Citoplasma:** El citoplasma incluye todo el contenido celular entre la membrana plasmática y la envoltura nuclear, mientras que el citosol es la porción fluida que excluye los orgánulos.

1.2.3. Interacciones Dinámicas Entre los Orgánulos

Los orgánulos no están aislados, sino que interactúan a través de:

- **Transporte Vesicular:** Las proteínas y los lípidos se transfieren entre los orgánulos mediante vesículas rodeadas por membrana (por ejemplo, del RE al Golgi).
- **Sitios de Contacto de Membrana (SCM):** Contactos físicos directos entre orgánulos (por ejemplo, RE–mitocondrias) que facilitan la transferencia de lípidos y la señalización celular.

- **Biogénesis y Recambio de Orgánulos:** Los orgánulos se ensamblan, desensamblan y reciclan dinámicamente según las necesidades celulares (por ejemplo, mitofagia para mitocondrias).

1.2.4. Disfunción de Orgánulos y Enfermedades

Los defectos en la estructura o función de los orgánulos pueden provocar enfermedades graves:

- **Enfermedades de Almacenamiento Lisosomal:** Causadas por deficiencias enzimáticas que llevan a la acumulación de moléculas no digeridas (por ejemplo, enfermedad de Tay-Sachs, enfermedad de Gaucher).
- **Trastornos Mitocondriales:** Afectan el metabolismo energético y pueden manifestarse como debilidad muscular, neurodegeneración o miocardiopatía.
- **Estrés del RE:** Conduce a la respuesta a proteínas mal plegadas (UPR), vinculada a enfermedades como diabetes, cáncer y neurodegeneración.

1.3. Citoesqueleto: Estructura y Dinámica

El citoesqueleto es una red compleja y dinámica de filamentos proteicos que se extiende por todo el citoplasma de las células eucariotas. Lejos de ser un andamiaje estático, proporciona soporte estructural, facilita el transporte intracelular y permite la motilidad celular, los cambios de forma y la división celular. Comprender la arquitectura y el comportamiento del citoesqueleto es fundamental para la biología celular avanzada y la investigación biomédica.

Tipos de Filamentos del Citoesqueleto

El citoesqueleto está compuesto por tres clases principales de filamentos proteicos, cada una con estructuras, funciones y proteínas asociadas distintas:

Tipo de Filamento	Subunidades Proteicas	Diámetro	Funciones Principales
Microfilamentos	Actina	~7 nm	Forma celular, motilidad, citocinesis, endocitosis
Filamentos Intermedios	Variados (e.g., queratina, vimentina)	~10 nm	Resistencia mecánica, posicionamiento de orgánulos
Microtúbulos	Tubulina (α- y β-tubulina)	~25 nm	Transporte intracelular, mitosis, cilios y flagelos

1.3.1. Microfilamentos (Filamentos de Actina)

Los filamentos de actina son estructuras dinámicas compuestas por monómeros de actina (G-actina) que se polimerizan para formar actina filamentosa (F-actina). Se encuentran altamente concentrados debajo de la membrana plasmática y forman estructuras como lamelipodios, filopodios y fibras de estrés.

Funciones:

- Proporcionan soporte mecánico a la corteza celular.
- Impulsan la motilidad y migración celular.
- Participan en la contracción muscular (en asociación con la miosina).
- Intervienen en la endocitosis y la división celular.

1.3.2. Filamentos Intermedios

Los filamentos intermedios proporcionan resistencia a la tensión y estabilidad estructural. A diferencia de los filamentos de actina y los microtúbulos, son más estables y menos dinámicos. Diferentes tipos de células expresan distintas proteínas de filamentos intermedios (e.g., queratinas en células epiteliales, neurofilamentos en neuronas).

Funciones:

- Refuerzan la forma celular.
- Anclan los orgánulos en su lugar.
- Participan en la arquitectura nuclear (laminas nucleares).

1.3.3. Microtúbulos

Los microtúbulos son tubos huecos formados por la polimerización de dímeros de α- y β-tubulina. Se originan en los centros organizadores de microtúbulos (MTOCs), como el centrosoma.

Funciones:

- Forman las fibras del huso mitótico durante la división celular.
- Sirven como vías para el transporte intracelular de proteínas motoras (quinesinas y dineínas).
- Sostienen la estructura de cilios y flagelos.

1.3.4. Dinámica y Regulación del Citoesqueleto

Los filamentos del citoesqueleto son altamente dinámicos, experimentando continuamente polimerización y despolimerización. Este comportamiento dinámico está estrictamente regulado por:

- Factores de nucleación (e.g., complejo Arp2/3 para actina, γ-tubulina para microtúbulos).
- Proteínas de corte (e.g., cofilina, katanina).
- Proteínas de recubrimiento que estabilizan los extremos de los

filamentos.

- Proteínas motoras (e.g., miosina, quinesina, dineína) que convierten ATP en trabajo mecánico.

Estos reguladores permiten la reorganización rápida del citoesqueleto en respuesta a señales ambientales, progresión del ciclo celular o eventos de señalización.

1.3.5. Comunicación entre los Sistemas del Citoesqueleto

Los filamentos de actina, los filamentos intermedios y los microtúbulos no son sistemas independientes. En cambio, están interconectados a través de proteínas de enlace (e.g., plectina) y vías de señalización que coordinan su organización y funciones. Esta comunicación es esencial para procesos celulares integrados como la migración, adhesión y morfogénesis.

1.4. Membranas Celulares y Mecanismos de Transporte

Las membranas celulares son estructuras esenciales que definen los límites celulares, compartimentalizan funciones y regulan el transporte de sustancias dentro y fuera de las células y organelos. Comprender su composición y los mecanismos de transporte molecular es fundamental para estudios avanzados en biología celular, fisiología y farmacología.

1.4.1. Estructura de las Membranas Biológicas

Las membranas biológicas están compuestas principalmente por una bicapa de fosfolípidos intercalada con proteínas, colesterol y carbohidratos. La naturaleza anfipática de los fosfolípidos—con cabezas hidrofílicas (que atraen el agua) y colas hidrofóbicas (que repelen el agua)—favorece la formación espontánea de bicapas en medios acuosos.

Componentes clave:

- **Fosfolípidos:** Forman la estructura fundamental de la bicapa.
- **Proteínas integrales (transmembrana):** Atraviesan la membrana y median el transporte, la transducción de señales o la adhesión.
- **Proteínas periféricas:** Se adhieren a las superficies interna o externa y participan en la señalización o el soporte estructural.
- **Colesterol:** Modula la fluidez y estabilidad de la membrana.
- **Glicolípidos y glicoproteínas:** Intervienen en el reconocimiento y la señalización celular.

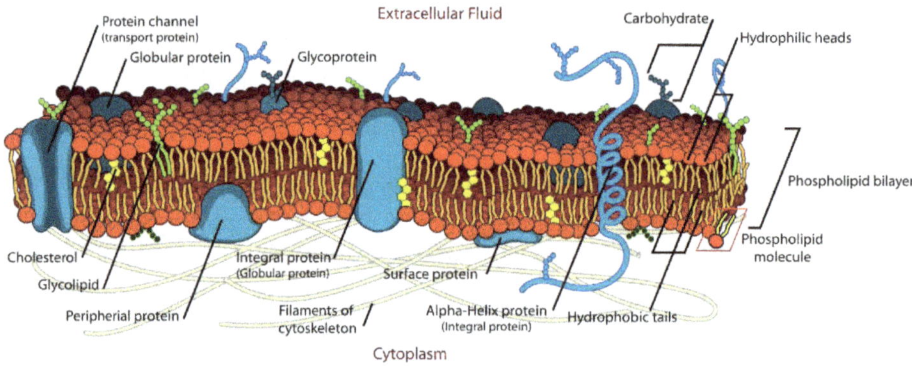

Figura 1.4: Diagrama que muestra la bicapa de fosfolípidos con proteínas incrustadas, colesterol y carbohidratos en la superficie. Fuente: Wikimedia. Enlace: https://commons.wikimedia.org/wiki/File:Cell_membrane_detailed_diagram_en.svg

Traducción al Español de las Etiquetas:

- Extracellular Fluid → Fluido Extracelular
- Cytoplasm → Citoplasma
- Phospholipid Bilayer → Bicapa de Fosfolípidos
- Integral Protein (Channel Protein) → Proteína Integral (Proteína de Canal)
- Peripheral Protein → Proteína Periférica
- Glycoprotein → Glicoproteína

- Glycolipid → Glicolípido
- Cholesterol → Colesterol
- Filaments of Cytoskeleton → Filamentos del Citoesqueleto
- Hydrophobic Tails → Colas Hidrofóbicas
- Hydrophilic Heads → Cabezas Hidrofílicas

Modelo de Mosaico Fluido, propuesto por primera vez por Singer y Nicolson en 1972, ilustra la naturaleza dinámica y flexible de las membranas, donde las proteínas y los lípidos pueden moverse lateralmente dentro de la bicapa.

1.4.2. Dinámica y Fluidez de la Membrana

La fluidez de la membrana está influenciada por:

- **Composición de ácidos grasos**: Los ácidos grasos insaturados aumentan la fluidez.
- **Contenido de colesterol**: Actúa como un regulador, manteniendo la fluidez a diferentes temperaturas.
- **Temperatura**: Las temperaturas más altas aumentan la fluidez de la membrana.

Las células regulan estrictamente la fluidez para asegurar el correcto funcionamiento de las proteínas de membrana y facilitar procesos celulares como la fusión de vesículas, la endocitosis y la señalización.

1.4.3. Mecanismos de Transporte de Membrana

Las células intercambian materiales con su entorno mediante diversos mecanismos de transporte, clasificados como pasivos o activos.

A. Transporte Pasivo

- **Difusión simple**: Movimiento de moléculas pequeñas y no polares (ej., O_2, CO_2) a través de la membrana sin asistencia.
- **Difusión facilitada**: Movimiento de moléculas polares o con carga

mediante proteínas de transporte específicas (ej., glucosa a través de los transportadores GLUT).

- **Ósmosis**: Difusión de agua a través de una membrana selectivamente permeable mediante acuaporinas.

B. Transporte Activo

- Requiere **ATP** o un gradiente electroquímico para mover sustancias en contra de su gradiente de concentración.
- **Transporte activo primario**: Utiliza ATP directamente (ej., Na^+/K^+ ATPasa).
- **Transporte activo secundario**: Acopla el movimiento de una sustancia a favor de su gradiente para mover otra en contra de su gradiente (ej., simportador de Na^+/glucosa).

1.4.4. Transporte Masivo: Endocitosis y Exocitosis

Más allá del movimiento de moléculas individuales, las células transportan partículas grandes y fluidos mediante mecanismos de transporte vesicular:

Endocitosis: Captación de materiales mediante su internalización en vesículas.

- **Fagocitosis**: "Ingesta celular" – incorporación de partículas grandes o células.
- **Pinocitosis**: "Bebida celular" – captación de fluido extracelular y solutos.
- **Endocitosis mediada por receptores**: Captación selectiva de moléculas específicas mediante la unión a receptores (ej., captación de LDL).

Exocitosis: Fusión de vesículas con la membrana plasmática para liberar su contenido fuera de la célula.

- Común en la liberación de neurotransmisores, la secreción de hormonas y la entrega de proteínas de membrana.

1.4.5. Dominios Especializados de Membrana

Las células suelen crear subdominios de membrana para funciones localizadas:

- **Balsas lipídicas**: Microdominios enriquecidos en colesterol y esfingolípidos involucrados en la señalización celular.
- **Uniones estrechas**: Impiden la fuga paracelular en tejidos epiteliales.
- **Uniones gap**: Facilitan la comunicación intercelular mediante el intercambio de pequeñas moléculas.

Comprender el diseño sofisticado y la funcionalidad de las membranas celulares y los sistemas de transporte es fundamental para explorar cómo las células mantienen la homeostasis, se comunican, responden a estímulos e interactúan con su entorno, principios esenciales en biotecnología, farmacología y patogénesis de enfermedades.

2. Comunicación Celular y Vías de Señalización

2.1. Mecanismos de Transducción de Señales

La comunicación celular es un proceso fundamental mediante el cual las células perciben y responden a señales internas y externas. Esta comunicación es crucial para coordinar el desarrollo, las respuestas inmunológicas, la homeostasis y la reparación de tejidos. El proceso de conversión de una señal extracelular en un cambio funcional dentro de la célula se conoce como **transducción de señales**.

2.1.1. Visión General de la Señalización Celular

La transducción de señales implica la unión de un **ligando** (molécula de señalización) a un **receptor**, lo que desencadena una cascada de eventos moleculares dentro de la célula. Estos eventos amplifican la señal, regulan la expresión génica y modifican el comportamiento celular.

Tipos de señalización según la distancia:

- **Autocrina**: La célula se envía señales a sí misma.
- **Yuxtacrina** (señalización a través de uniones gap): Contacto directo entre células vecinas.
- **Paracrina**: La señal afecta a células cercanas.
- **Endocrina**: Las hormonas viajan a través del torrente sanguíneo hacia objetivos distantes.

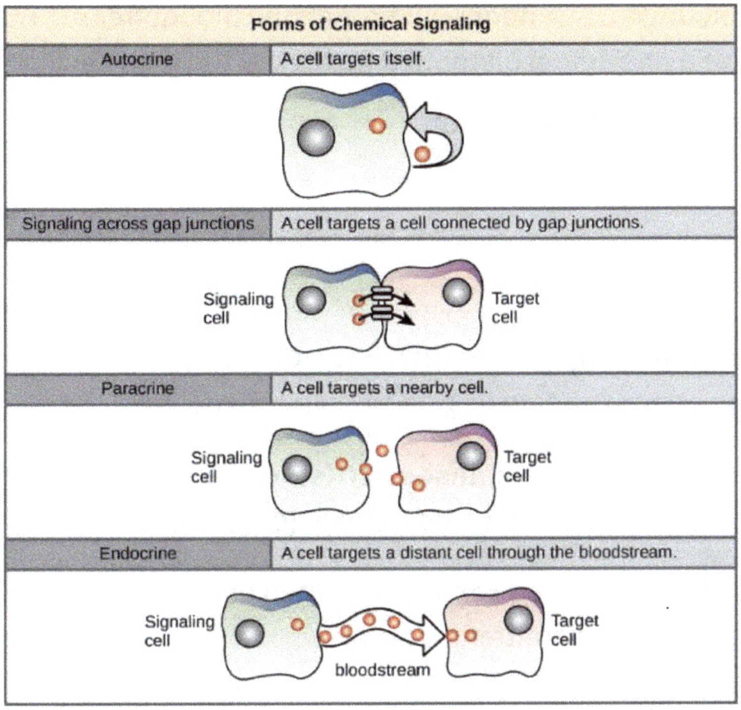

Figura 2.1: Ilustración que muestra los mecanismos de señalización autocrina, paracrina, endocrina y yuxtacrina. Fuente: Openstax. Enlace: https://openstax.org/books/biology-2e/pages/9-1-signaling-molecules-and-cellular-receptors

- **Traducción al Español de las Etiquetas:**
  Forms of Chemical Signaling → Formas de Señalización Química
- Autocrine → Autocrina
- A cell targets itself. → Una célula se dirige a sí misma.
- Signaling across gap junctions → Señalización a través de uniones gap
- A cell targets a cell connected by gap junctions. → Una célula se dirige a otra conectada por uniones gap.
- Paracrine → Paracrina
- A cell targets a nearby cell. → Una célula se dirige a una célula cercana.
- Endocrine → Endocrina

- A cell targets a distant cell through the bloodstream. → Una célula se dirige a una célula distante a través del torrente sanguíneo.

2.1.2. Receptors and Ligands

Receptors are specialized proteins that recognize and bind ligands with high specificity.

Main classes of receptors:

- **G protein-coupled receptors (GPCRs)**: Activate G proteins to trigger downstream effects (e.g., adrenaline signaling).
- **Receptor tyrosine kinases (RTKs)**: Phosphorylate themselves and other proteins upon ligand binding (e.g., insulin receptor).
- **Ion channel-linked receptors**: Open or close in response to ligands (e.g., neurotransmitter receptors).
- **Intracellular receptors**: Located in the cytoplasm or nucleus; respond to hydrophobic ligands like steroid hormones.

2.1.3. Cascadas de Transducción de Señales

Las vías de transducción de señales suelen involucrar múltiples intermediarios y pasos para amplificar la respuesta.

Elementos clave:

- Segundos mensajeros: Moléculas pequeñas como cAMP, Ca^{2+}, IP_3 que transmiten señales dentro de la célula.
- Cinasas de proteínas: Enzimas que fosforilan proteínas objetivo para activarlas o desactivarlas.
- Proteínas andamiaje: Organizan los componentes de la vía para garantizar la especificidad de la señal.
  • Mecanismos de retroalimentación: Regulan la duración e

intensidad de la señal.

Ejemplo: Vía de cAMP (Señalización GPCR)

1. El ligando se une al GPCR.
2. El GPCR activa la proteína G.
3. La proteína G activa la adenilil ciclasa → convierte ATP en cAMP.
4. El cAMP activa la Proteína Quinasa A (PKA).
5. La PKA fosforila objetivos posteriores.

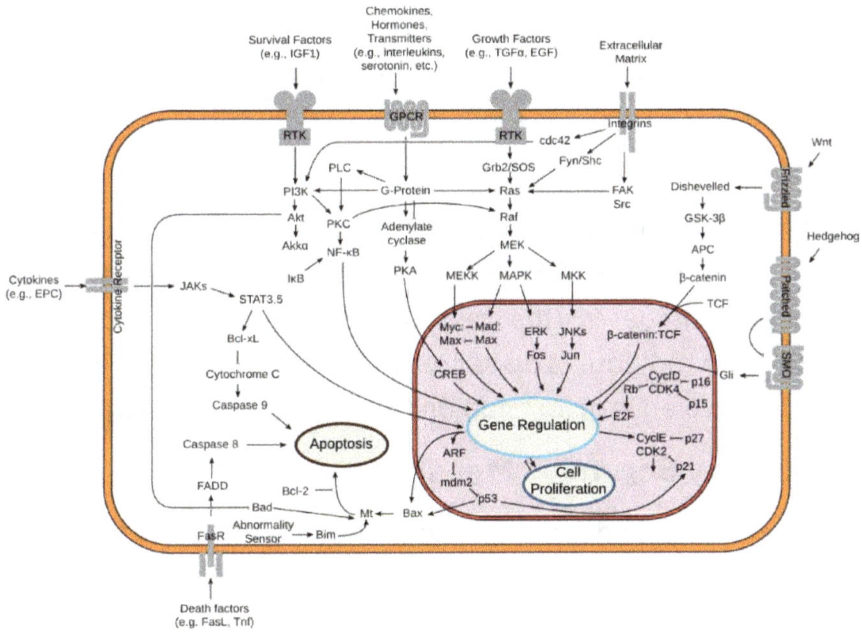

Figura 2.2: Diagrama que ilustra la activación de GPCR, la señalización de la proteína G, la generación de cAMP y la activación de PKA. Fuente: Wikimedia. Enlace: https://commons.wikimedia.org/wiki/File:Signal_transduction_pathways.svg

2.1.4. Amplificación y Especificidad de la Señal

- **Amplificación:** Una interacción receptor-ligando puede generar cientos de segundos mensajeros, amplificando la respuesta.
- **Especificidad:** Se logra a través de la organización espacial de los componentes de señalización, la expresión selectiva de receptores y los bucles de retroalimentación.

2.1.5. Terminación de la Señalización

Para evitar la sobreestimulación o respuestas descontroladas, las células desactivan señales mediante:

- Internalización o degradación del receptor.
- Desfosforilación de proteínas por fosfatasas.
- Destrucción de segundos mensajeros (por ejemplo, el cAMP es hidrolizado por la fosfodiesterasa).

Los mecanismos de transducción de señales forman la base de muchos procesos fisiológicos y son fundamentales para comprender enfermedades como el cáncer, la diabetes y los trastornos autoinmunes. El desarrollo de terapias dirigidas a moléculas de señalización específicas se ha convertido en un enfoque clave en la investigación farmacológica moderna.

2.2. Receptores y Segundos Mensajeros

La comunicación celular depende en gran medida de la capacidad de las células para detectar y responder a señales mediante proteínas especializadas llamadas **receptores** y para amplificar esas señales a través de **segundos mensajeros**. Este sistema dinámico permite a las células mantener la homeostasis, coordinar respuestas y adaptarse a cambios ambientales.

2.2.1. Receptores: Sensores de la Señal

Los receptores son proteínas, generalmente ubicadas en la superficie celular o dentro de la célula, que reconocen y se unen a moléculas señalizadoras específicas (ligandos). Esta unión induce un cambio conformacional que inicia las vías de señalización intracelular.

Los receptores se clasifican generalmente según su estructura y ubicación:

1. Receptores de Superficie Celular (Unidos a la Membrana)

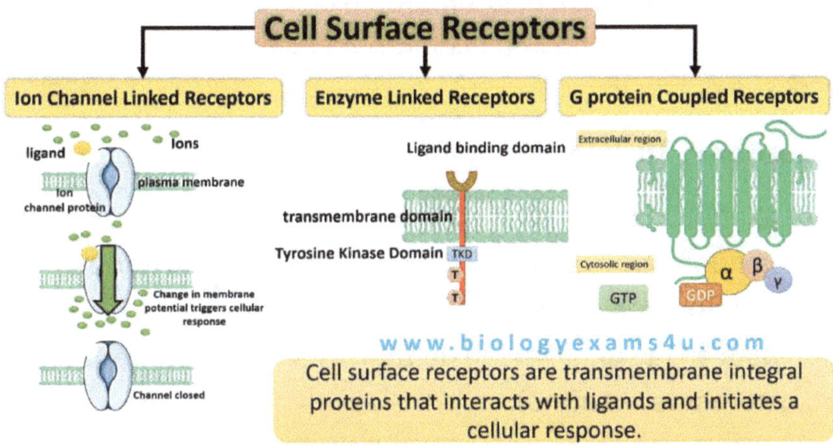

Figura 2.3: Tres tipos de receptores de superficie celular. Fuente: BiologyExams4u. Enlace: https://www.biologyexams4u.com/2022/10/3-types-of-cell-surface-receptors.html

Detectan ligandos hidrofílicos o de gran tamaño que no pueden atravesar la bicapa lipídica.

Ejemplos:

- Receptores Acoplados a Proteína G (**GPCRs**)
- Receptores Tirosina Quinasa (**RTKs**)
- Receptores ligados a canales iónicos

2. Receptores Intracelulares:

- Detectan **moléculas pequeñas y lipofílicas** que pueden difundir a través de las membranas.

- A menudo actúan como **factores de transcripción** una vez activados.
- **Ejemplo:** Receptores de hormonas esteroides

2.2.2. Receptores Acoplados a Proteína G (GPCRs)

- Entre los receptores más **abundantes y diversos**.
- Transducen señales a través de **proteínas G heterotriméricas** (subunidades α, β, γ).
- La activación provoca el intercambio de **GDP por GTP** en la subunidad **Gα**, lo que activa efectores aguas abajo como la **adenilil ciclasa**.

2.2.3. Receptores Tirosina Quinasa (RTKs)

- La unión del ligando induce **dimerización y autofosforilación**.
- Los residuos de tirosina fosforilados **reclutan proteínas de señalización** con dominios **SH2**.
- Cruciales en la señalización de **factores de crecimiento** (ej., **EGF, receptores de insulina**).

2.2.4. Segundos Mensajeros: Amplificadores de Señales

Los segundos mensajeros son pequeñas moléculas o iones generados en respuesta a la activación de un receptor. Propagan y amplifican la señal dentro de la célula, iniciando a menudo múltiples vías de señalización aguas abajo.

Los segundos mensajeros más comunes incluyen:

1. AMP cíclico (cAMP):

- Se genera a partir de ATP por la acción de la adenilil ciclasa.
- Activa la proteína quinasa A (PKA), regulando el metabolismo y la expresión génica.

2. GMP cíclico (cGMP):

- Activa la proteína quinasa G (PKG).
- Participa en la vasodilatación y la fototransducción.

3. Inositol trifosfato (IP_3) y diacilglicerol (DAG):

- Se producen por la escisión de PIP_2 mediante la fosfolipasa C.
- El IP_3 desencadena la liberación de Ca^{2+} desde el retículo endoplasmático, mientras que el DAG activa la proteína quinasa C (PKC).

4. Iones de calcio (Ca^{2+}):

- Se liberan desde el retículo endoplasmático o el espacio extracelular.
- Se unen a la calmodulina y otros efectores, influyendo en la contracción muscular, la secreción y la expresión génica.

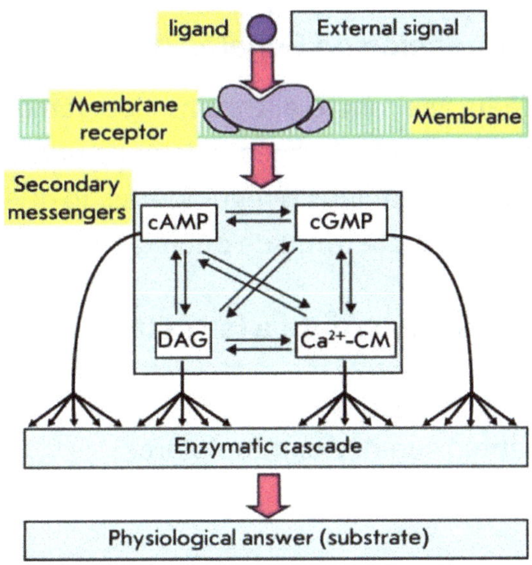

Figura 2.4: Diagrama de flujo que muestra cómo la unión de un ligando a un receptor activa segundos mensajeros como AMPc, IP_3, DAG y Ca^{2+}. Fuente: ResearchGate. Enlace: https://www.researchgate.net/figure/The-main-stages-of-signal-transduction-mediated-by-secondary-messengers-in-the-cell-cAMP_fig1_225079764

2.2.5. Dinámica Espacial y Temporal

La actividad de los receptores y segundos mensajeros está altamente regulada.

La terminación de la señal es igualmente crucial e implica:

- Las fosfodiesterasas degradan AMPc/cGMP.
- Las fosfatasas eliminan grupos fosfato.
- La internalización o desensibilización de los receptores.

2.3. Interacción entre Vías de Señalización

La señalización celular rara vez es lineal. En su lugar, las células integran señales de múltiples vías a través de un fenómeno conocido como interacción de señales o *crosstalk*. Esta interacción permite que las señales sean ajustadas, coordinadas y dependientes del contexto, lo que permite a la célula responder de manera precisa a su entorno.

2.3.1. ¿Qué es la Interacción de Señales (*Crosstalk*)?

La interacción de señales se refiere a la comunicación entre dos o más vías de señalización que modifica la respuesta de cada una. Estas interacciones pueden ser sinérgicas, antagónicas o reguladoras, lo que contribuye a la diversificación de señales y a la toma de decisiones celulares.

La interacción de señales permite a las células:

- Priorizar una vía sobre otra
- Integrar diferentes señales extracelulares
- Evitar la sobreactivación o activación errónea de señales

2.3.2. Mecanismos de Interacción de Señales

La interacción de señales puede ocurrir en varios niveles dentro de las vías de señalización:

1. Proteínas de señalización compartidas:
Algunas proteínas como las quinasas MAP, PI3K o Akt están involucradas en múltiples rutas de señalización, actuando como puntos de integración.

2. Efectores en competencia:
Varias vías pueden competir por los mismos objetivos posteriores, como los factores de transcripción (por ejemplo, NF-κB, CREB).

3. Bucles de retroalimentación e inhibición:

- La retroalimentación positiva mejora la señal (por ejemplo, la activación de ERK aumenta la señalización de RTK).
- La retroalimentación negativa puede inhibir otras vías para limitar la propagación de la señal.

4. Co-receptores y proteínas andamiaje:
Estos organizan componentes de diferentes vías en centros funcionales, asegurando resultados específicos.

2.3.3. Ejemplos de Interacción Funcional

- **Señalización de EGF e Insulina:**
  La señalización del Receptor del Factor de Crecimiento Epidérmico (EGFR) a través de RTK puede interactuar con las vías **PI3K-Akt** y **MAPK**, al igual que la señalización de la insulina, lo que permite respuestas coordinadas en el crecimiento y el metabolismo.
- **Interacciones entre GPCR y RTK:**
  Los GPCR pueden transactivar los RTK, especialmente en los sistemas cardiovascular e inmunológico, mediante la **escisión mediada por metaloproteasas** de los ligandos de RTK.
- **Interacción entre Wnt y TGF-β en el Desarrollo y el Cáncer:**
  Estas vías comparten coactivadores y correpresores transcripcionales comunes, lo que lleva a un control cooperativo de

la proliferación y diferenciación celular.

2.3.4. Importancia Biológica de la Interacción

- **Precisión en las Decisiones Celulares:**
  Garantiza patrones de expresión génica adecuados en respuesta a entornos complejos.
- **Prevención de Redundancia o Sobreactivación de Señales:**
  La interacción puede suprimir vías irrelevantes o dañinas bajo condiciones específicas.
- **Adaptación y Aprendizaje en las Células:**
  En neuronas y células inmunitarias, la interacción permite respuestas adaptativas a estímulos con el tiempo.

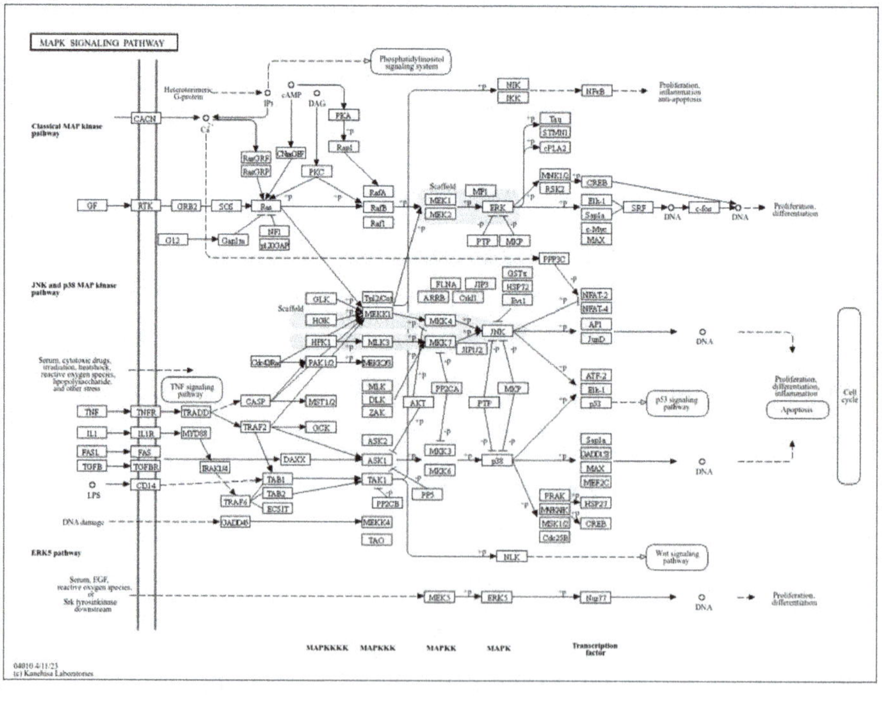

Figura 2.5: Diagrama que muestra múltiples entradas (EGF, citocinas, ligandos de GPCR) alimentando la cascada MAPK. Fuente: Genome. Enlace: https://www.genome.jp/pathway/map04010

2.3.5. Implicaciones Clínicas de la Interacción

Comprender la interacción es crucial en el desarrollo de fármacos, ya que inhibir una vía podría activar involuntariamente otra, lo que lleva a resistencia o efectos adversos.

Terapia contra el Cáncer:

- Dirigirse únicamente al **EGFR** puede resultar en la activación de **vías alternativas** como PI3K-Akt o JAK-STAT.
- Se están desarrollando terapias combinadas para contrarrestar este efecto.

Trastornos Autoinmunes e Inflamatorios:
Los fármacos dirigidos a la **señalización de citocinas** deben considerar cómo bloquear un receptor podría **amplificar otros** a través de bucles de retroalimentación.

Resumen
La interacción es una característica esencial de la red de señalización celular que permite a las células responder de manera flexible y robusta a un entorno complejo. Garantiza que el comportamiento celular dependa del contexto y no esté dictado por una sola vía de forma aislada.

2.4. Amplificación y Terminación de Señales

La transducción de señales en las células no solo implica detección, sino también modular la fuerza y duración de las respuestas. Dos características cruciales que definen la fidelidad y flexibilidad de las vías de señalización son la **amplificación** y la **terminación**. Estos procesos aseguran que la señal sea lo suficientemente fuerte como para desencadenar una respuesta celular, pero también esté estrictamente regulada para evitar la sobreestimulación o la activación crónica.

2.4.1. Amplificación de Señales: Hacer el Mensaje Más Fuerte

La amplificación ocurre cuando una molécula de señalización activa múltiples objetivos aguas abajo, multiplicando el efecto de la señal original. Este proceso es **no lineal** y puede generar respuestas celulares masivas a partir de cantidades mínimas de ligando.

Mecanismos Clave de Amplificación:

- **Cascadas Enzimáticas:**
  Ejemplo: Un solo **G-proteína** activada puede activar la **adenilil ciclasa**, que genera miles de moléculas de **cAMP**, cada una de las cuales activa la **Proteína Quinasa A (PKA)** y desencadena más eventos aguas abajo.
- **Mensajeros Secundarios:**
  Moléculas como **cAMP**, Ca^{2+}, IP_3 y **DAG** actúan como amplificadores internos de señales.
- **Cascadas de Quinasas:**
  Ejemplo: La **cascada MAPK**, donde cada quinasa activa múltiples quinasas aguas abajo, resultando en una amplificación exponencial de la señal.

2.4.2. Terminación de Señales: Apagar el Mensaje

Una vez transmitida la señal y alcanzados los objetivos celulares, esta debe apagarse o atenuarse. Sin mecanismos de terminación, las células corren el riesgo de una estimulación continua, lo que puede llevar a enfermedades como cáncer, inflamación o neurodegeneración.

Mecanismos Principales de Terminación:

Degradación o Eliminación del Ligando:
Ejemplo: Degradación enzimática de ligandos extracelulares como la acetilcolina por la **acetilcolinesterasa**.

Internalización y Regulación a la Baja de Receptores:
Receptores activados como el **EGFR** pueden ser internalizados mediante **endocitosis** y luego reciclados o degradados.

Hidrólisis de GTP en G-Proteínas:
Las G-proteínas unidas a GTP hidrolizan el GTP a GDP, volviendo a un estado inactivo.

Fosfatasas y Desfosforilación:
Enzimas como la **proteína fosfatasa 2A (PP2A)** eliminan grupos fosfato para inactivar proteínas de señalización.

Eliminación de Mensajeros Secundarios:

- El cAMP es degradado por **fosfodiesterasas (PDEs)**.
- El Ca^{2+} es bombeado de vuelta al **RE** o fuera de la célula.

2.4.3. Equilibrio entre Amplificación y Terminación

Las células deben equilibrar dinámicamente la amplificación y terminación de señales:

Regulación por Retroalimentación:

- **Retroalimentación negativa** (ej.: activación de fosfatasas) amortigua las señales.
- **Retroalimentación positiva** (ej.: liberación de Ca^{2+} inducida por Ca^{2+}) aumenta temporalmente las señales pero eventualmente se desvanece.

Control Temporal:

- Algunas señales, como las hormonales, requieren **activación sostenida**, mientras que otras, como las sinapsis neuronales, necesitan **terminación rápida**.

En enfermedades como el cáncer, las mutaciones a menudo alteran los mecanismos de terminación (ej.: **Ras o RTK constitutivamente activos**), lo que lleva a una amplificación persistente de señales y crecimiento descontrolado.

Resumen

La amplificación de señales permite a las células responder con sensibilidad a estímulos mínimos, mientras que los mecanismos de terminación evitan reacciones excesivas y garantizan la homeostasis. Comprender este equilibrio es fundamental para el **diseño de fármacos** y **terapias dirigidas** en enfermedades donde la señalización se vuelve aberrante.

3. Ciclo Celular y Mecanismos de Muerte Celular

3.1. Regulación del Ciclo Celular

El **ciclo celular** es una secuencia de eventos altamente regulada mediante la cual una célula crece, replica su ADN y se divide. Esta regulación es crítica para garantizar la **integridad genómica**, el funcionamiento celular adecuado y la proliferación controlada. Su desregulación a menudo conduce a enfermedades como el **cáncer**.

3.1.1. Resumen de las Fases del Ciclo Celular

El ciclo celular eucariota se divide en cuatro fases principales:

- **Fase G_1 (Gap 1):** La célula crece, produce orgánulos y proteínas.
- **Fase S (Síntesis):** Ocurre la replicación del ADN.
- **Fase G_2 (Gap 2):** Preparación para la mitosis; más crecimiento y verificación de errores.
- **Fase M (Mitosis):** División celular (mitosis y citocinesis).

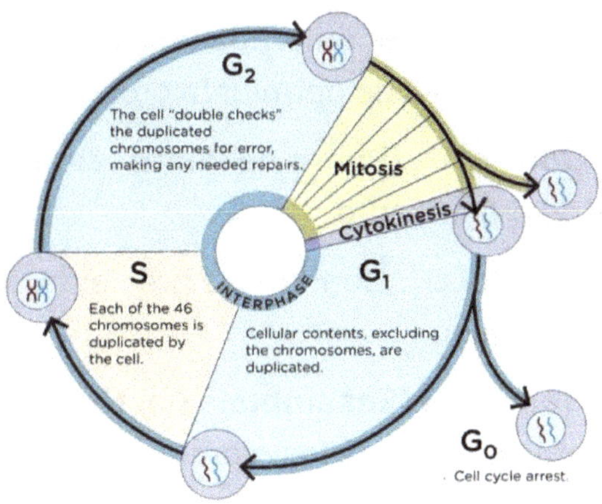

"Figura 3.1: Diagrama que muestra las fases G_1, S, G_2, M y G_0 en una representación circular. Fuente: Jack Westin. Enlace: https://jackwestin.com/resources/mcat-content/mitosis/phases-of-cell-cycle-g0-g1-s-g2-m"

Además, las células pueden entrar en una **fase G_0 quiescente**, donde permanecen metabólicamente activas pero no se dividen.

3.1.2. Ciclinas y Quinasas Dependientes de Ciclinas (CDK)

Los principales impulsores de la progresión del ciclo celular son los **complejos ciclina-CDK**. Las CDK son quinasas serina/treonina que solo se activan cuando se unen a **ciclinas** específicas, cuyos niveles fluctúan a lo largo del ciclo.

Complejos clave:

- **Transición G_1/S:** Ciclina D/CDK4, Ciclina E/CDK2.
- **Entrada a la Fase S:** Ciclina A/CDK2.
- **Transición G_2/M:** Ciclina B/CDK1 (también conocido como **MPF**, factor promotor de la mitosis).

Estos complejos fosforilan proteínas diana que impulsan a la célula a la siguiente fase.

3.1.3. Puntos de Control del Ciclo Celular

Los puntos de control son **mecanismos de supervisión** que evalúan las condiciones celulares antes de permitir la progresión:

- **Punto de Control G_1 (Punto de Restricción):** Verifica daño en el ADN y factores de crecimiento.
- **Punto de Control G_2:** Confirma la precisión de la replicación del ADN y el tamaño celular.
- **Punto de Control M (Ensamblaje del Huso):** Asegura el alineamiento correcto de los cromosomas.

Los reguladores de los puntos de control incluyen:

- **p53:** Detiene el ciclo en respuesta a daño en el ADN; activa p21 para inhibir CDK.

- **Quinasas ATM/ATR:** Detectan daño en el ADN e inician vías de reparación.
- **Proteínas MAD/BUB:** Supervisan la integridad del huso en la metafase.

3.1.4. Regulación por Señales Externas

El ciclo celular puede verse influenciado por:

- **Mitógenos** (ej., EGF, PDGF): Promueven la expresión de ciclinas y la progresión del ciclo.
- **Inhibidores del crecimiento** (ej., TGF-β): Activan inhibidores de CDK como p15 y p16.
- **Inhibición por contacto**: El contacto célula-célula puede detener el ciclo en G_1.
- **Disponibilidad de nutrientes**: La escasez detiene a las células en G_0 o G_1.

3.1.5. Desregulación y Enfermedad

La alteración de cualquier componente (ciclina, CDK, puntos de control) puede provocar proliferación descontrolada. Muchos cánceres implican:

- Sobreexpresión de la ciclina D1.
- Mutaciones de pérdida de función en p53.
- Hiperactividad de CDK debido a la pérdida de inhibidores de CDK.

Resumen

El ciclo celular es un proceso magistralmente orquestado que depende de ciclinas, CDK y puntos de control regulatorios. Comprender su regulación es fundamental para la biología celular moderna y crucial en el contexto de la biología del cáncer y las terapias oncológicas.

3.2. Puntos de control y quinasas dependientes de ciclinas

El ciclo celular está regulado por una serie de puntos de control que garantizan la fidelidad de la replicación del ADN, la división celular y la salud general de la célula. En el centro de esta regulación se encuentran las quinasas dependientes de ciclinas (CDK), cuya actividad está estrictamente controlada por ciclinas, fosforilación e inhibidores. Los puntos de control actúan como mecanismos de vigilancia que detienen la progresión del ciclo celular hasta que la célula cumple con criterios específicos, protegiendo así la integridad del genoma.

3.2.1. Visión general de los puntos de control del ciclo celular

Los tres principales puntos de control son:

- **Punto de control G_1/S (Punto de restricción):** Verifica el tamaño celular, la integridad del ADN y la presencia de factores de crecimiento.
- **Punto de control G_2/M:** Confirma la replicación exitosa del ADN y revisa posibles daños en el ADN.
- **Punto de control de ensamblaje del huso (Metafase-Anafase):** Asegura que todos los cromosomas estén correctamente unidos a los microtúbulos del huso antes de la segregación cromosómica.

Estos puntos de control impiden que la célula continúe con la división cuando se detectan anomalías.

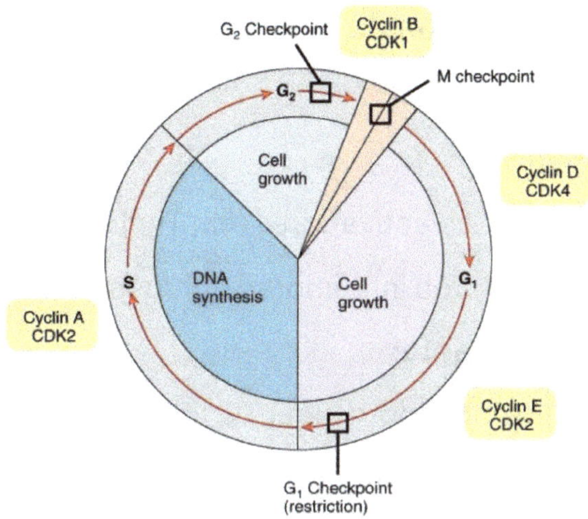

Figura 3.2: Diagrama que muestra los puntos de control G_1/S, G_2/M y del huso a lo largo de un ciclo celular circular. Fuente: Wikipedia. Enlace: https://en.wikipedia.org/wiki/Cell_cycle_checkpoint#/media/File:0332_Cell_Cycle_With_Cyclins_and_Checkpoints.jpg

3.2.2. Ciclinas y complejos CDK

Las ciclinas son proteínas regulatorias cuyas concentraciones aumentan y disminuyen cíclicamente a lo largo del ciclo celular. Cuando se unen a las CDK, activan la capacidad de la quinasa para fosforilar proteínas objetivo que impulsan a la célula hacia la siguiente fase del ciclo.

Ciclina	**CDK Asociada**	**Fase del Ciclo Celular**
Ciclina D	CDK4/6	Fase G_1
Ciclina E	CDK2	Transición G_1/S
Ciclina A	CDK2	Fase S
Ciclina B	CDK1	Transición G_2/M

Estos complejos están estrictamente regulados por:

- La síntesis/degradación de ciclinas,
- Los estados de fosforilación de las CDK, y
- La presencia de inhibidores de CDK.

3.2.3. Activación e Inhibición de las CDK

La activación requiere:

- Unión a una ciclina.
- Fosforilación en sitios activadores (ej., Thr160 en CDK2).
- Eliminación de fosfatos inhibidores por fosfatasas Cdc25.

La inhibición ocurre mediante:

1. Fosforilación en sitios inhibidores (ej., Tyr15).
2. Unión a inhibidores de CDK (CKIs):
   - Familia **INK4** (p15, p16): Bloquean CDK4/6.
   - Familia **Cip/Kip** (p21, p27): Inhiben CDK2 y CDK1.

Las señales de los puntos de control, especialmente el daño en el ADN, activan supresores tumorales como **p53**, que incrementan la expresión de **p21**, deteniendo el ciclo celular.

3.2.4. El Rol de p53 en el Control de los Puntos de Control

p53 es una proteína supresora de tumores y un factor de transcripción crítico que se activa en respuesta a daño en el ADN o estrés celular. Induce la transcripción de **p21**, que inhibe los complejos **CDK2/ciclina E** y **CDK1/ciclina B**, deteniendo así el ciclo celular en los puntos de control **G_1/S** y **G_2/M**.

La **pérdida de función de p53** es una característica común en muchos cánceres y conduce a respuestas defectuosas en los puntos de control, lo que resulta en proliferación celular descontrolada.

3.2.4. El papel de p53 en el control de los puntos de control

p53 es una proteína supresora de tumores y un factor de transcripción fundamental que se activa en respuesta a daño en el ADN o estrés celular. Induce la transcripción de **p21**, que inhibe los complejos **CDK2/ciclina**

E y **CDK1/ciclina B**, deteniendo así la progresión del ciclo celular en los puntos de control **G_1/S** y **G_2/M**.

La **pérdida de la función de p53** es una característica común en muchos tipos de cáncer y conduce a respuestas defectuosas en los puntos de control, lo que resulta en proliferación celular descontrolada.

3.2.5. Desregulación de los puntos de control en el cáncer

Las células cancerosas frecuentemente presentan:

- **Pérdida de inhibidores de CDK** (ej., mutaciones en p16, p21).
- **Sobreexpresión de ciclinas**, especialmente ciclina D1.
- **Pérdida de proteínas de los puntos de control**, como Rb o p53.

Estas alteraciones evitan los controles normales del ciclo celular, lo que lleva a proliferación incontrolada e inestabilidad genómica.

Resumen

La coordinación entre los puntos de control, las ciclinas y las CDK constituye la base de la regulación del ciclo celular. La alteración de esta coordinación—ya sea por pérdida de la integridad de los puntos de control o por hiperactivación de las CDK—es un factor clave en la oncogénesis y un objetivo clave para intervenciones terapéuticas.

3.3. Apoptosis, Autofagia y Necroptosis

El conocimiento de las vías de muerte celular programada es fundamental para comprender cómo las células mantienen la homeostasis, responden al estrés y se defienden contra enfermedades. Esta sección explora tres formas principales de muerte celular: **apoptosis**, **autofagia** y **necroptosis**, cada una con mecanismos moleculares y consecuencias celulares distintivos.

3.3.1. Apoptosis: Muerte Celular Programada

La apoptosis es un proceso altamente regulado que conduce a la muerte celular sin provocar una respuesta inflamatoria. Es crucial en el desarrollo, la regulación inmune y la eliminación de células dañadas.

Características clave:

- Reducción del volumen celular y condensación de la cromatina
- Fragmentación del AND
- Formación de protrusiones membranosas (blebbing) y cuerpos apoptóticos

La apoptosis se lleva a cabo mediante dos vías principales:

- **Vía intrínseca** (mitocondrial)
- **Vía extrínseca** (de receptores de muerte)

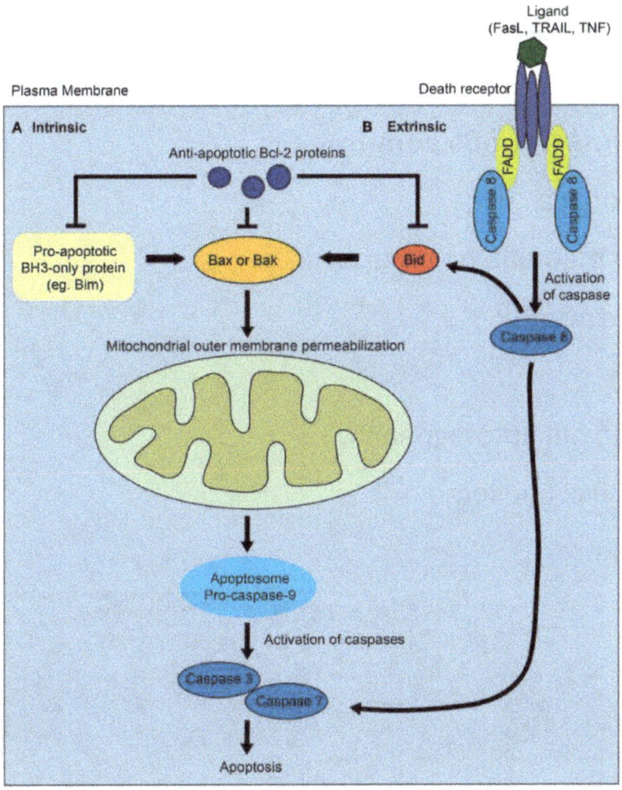

Figura 3.3: Diagrama que muestra las vías apoptóticas intrínseca y extrínseca. Fuente: ResearchGate. Enlace: https://www.researchgate.net/figure/Diagram-of-intrinsic-and-extrinsic-pathways-of-apoptosis-A-In-the-intrinsic-pathway_fig1_269181128

Proteínas Importantes:

- Caspasas (**iniciadoras:** caspasa-8, -9; **efectora:** caspasa-3)
- Proteínas de la familia Bcl-2 (**proapoptóticas:** Bax, Bak; **antiapoptóticas:** Bcl-2, Bcl-xL)
- Citocromo c, Apaf-1 (**vía intrínseca**)

3.3.2. Autofagia: Sistema de Reciclaje Celular

La autofagia es un mecanismo de supervivencia activado durante la inanición, el estrés o la presencia de orgánulos dañados. Permite a la célula degradar y reciclar sus propios componentes a través de la vía lisosomal.

Tipos de Autofagia:

- Macroautofagia (**más común**)
- Microautofagia
- Autofagia mediada por chaperonas

Etapas de la Autofagia:

1. Iniciación
2. Formación del autofagosoma
3. Fusión con el lisosoma
4. Degradación

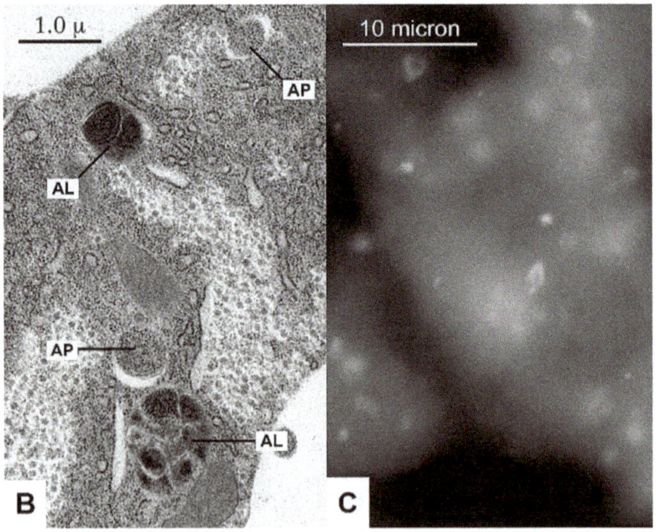

Figura 3.4: Diagrama de la Vía de Autofagia. Fuente: Wikimedia. Enlace: https://commons.wikimedia.org/wiki/File:Autophagy.png

Reguladores Clave:

- **mTOR** (inhibe la autofagia)
- **AMPK** (activa la autofagia)

- **Beclin-1, LC3-II**

La autofagia puede ser citoprotectora, pero una autofagia excesiva puede llevar a la muerte celular autofágica.

3.3.3. Necroptosis: Necrosis Regulada

La necroptosis es una forma programada de necrosis, distinta de la apoptosis, que provoca la ruptura de la membrana celular y la inflamación. A menudo actúa como un mecanismo de respaldo cuando la apoptosis está inhibida.

Vía de Activación:

- Desencadenada por receptores de muerte (ej. **TNFR1**)
- Requiere **RIPK1, RIPK3 y MLKL**

La necroptosis desempeña un papel en:

- Inflamación
- Neurodegeneración
- Respuesta a infecciones virales

3.3.4. Interacción y Regulación Cruzada entre Vías

Estas vías de muerte celular no son independientes, sino que están interconectadas. Por ejemplo:

- La caspasa-8 inhibe la necroptosis al escindir RIPK1.
- Bcl-2 inhibe tanto la apoptosis como la autofagia.
- Ciertas señales de estrés pueden cambiar la célula de autofagia a apoptosis.

Relevancia Clínica:

- La desregulación de estos procesos está vinculada con **cáncer, enfermedades autoinmunes, trastornos neurodegenerativos e**

infecciones.

- **Estrategias terapéuticas** buscan modular estas vías mediante pequeñas moléculas, terapia génica o inmunomodulación.

3.4. Implicaciones en Enfermedades y Cáncer

Comprender los mecanismos moleculares que regulan el ciclo celular y las vías de muerte celular es fundamental para explorar cómo su desregulación contribuye a diversas enfermedades, especialmente el cáncer. Anomalías en los puntos de control, sobreexpresión de ciclinas, evasión de la apoptosis y defectos en los mecanismos de reparación del ADN pueden llevar a una proliferación celular descontrolada e inestabilidad genómica. Esta sección analiza cómo estos procesos subyacen a diversas enfermedades, con énfasis en la biología del cáncer.

3.4.1. Oncogenes y Supresores Tumorales

Los oncogenes son versiones mutadas o sobreexpresadas de protooncogenes normales que impulsan una proliferación celular excesiva. En contraste, los genes supresores de tumores inhiben el ciclo celular o promueven la apoptosis. Mutaciones con pérdida de función en genes supresores tumorales como **TP53, RB1 o BRCA1/2** son comunes en el cáncer.

3.4.2. Evasión de la Apoptosis y Progresión del Cáncer

Las células cancerosas suelen desarrollar mecanismos para evadir la apoptosis, lo que contribuye a su supervivencia. Estrategias comunes incluyen la sobreexpresión de proteínas antiapoptóticas (**ej., Bcl-2**) o la disminución de factores proapoptóticos (**ej., Bax**). Las mutaciones en **p53**, un regulador clave de la apoptosis, están presentes en más del **50% de los cánceres humanos**.

3.4.3. Proliferación Incontrolada y Fallo en los Puntos de Control

Las proteínas de control como **ATM, ATR, CHK1 y CHK2** ayudan a mantener la integridad genómica. Cuando estas proteínas están mutadas o inactivadas, las células pueden eludir los puntos de control de daño en el ADN, lo que lleva a la acumulación de mutaciones e inestabilidad cromosómica.

3.4.4. Papel en Otras Enfermedades Más Allá del Cáncer

Además del cáncer, la desregulación del ciclo celular y de las vías de muerte celular está implicada en **trastornos neurodegenerativos** (**ej., Alzheimer, Parkinson**), **enfermedades autoinmunes** y **defectos en el desarrollo**. La autofagia anómala puede promover tanto la supervivencia celular como la muerte celular, dependiendo del contexto.

3.4.5. Intervenciones Terapéuticas Dirigidas a Estas Vías

El conocimiento de cómo estas vías se alteran en enfermedades ha llevado al desarrollo de **terapias dirigidas**. Algunos ejemplos clave incluyen:

- Inhibidores de CDK (ej., Palbociclib)
- Inhibidores de Bcl-2 (ej., Venetoclax)
- Inhibidores de PARP (ej., Olaparib para cánceres con mutaciones en BRCA)

Parte II: Biología Molecular a un Nivel Avanzado

4. Estructura del ADN, Cromatina y Epigenética

4.1. Topología del ADN y Superenrollamiento

La topología del ADN se refiere a la disposición espacial de la doble hélice, que puede modificarse mediante torsión, flexión o enrollamiento. En los entornos celulares, el ADN rara vez se encuentra en una hélice relajada de forma B; en su lugar, experimenta **superenrollamiento**, un proceso fundamental para la **replicación, transcripción y organización de la cromatina**.

4.1.1. Estados topológicos básicos del ADN

El ADN existe en diferentes estados topológicos en función de su torsión y retorcimiento:

1. **ADN relajado**: La doble hélice en su forma B más estable.
2. **Superenrollamiento positivo**: Sobreenrollado de la hélice, haciéndola más compacta y energéticamente tensa.
3. **Superenrollamiento negativo**: Underwinding, que facilita la separación de las hebras durante la transcripción y la replicación.

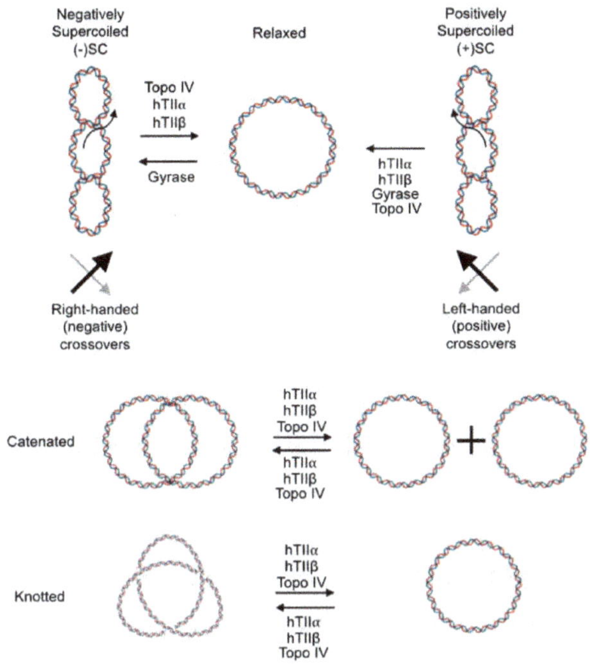

Figura 4.1: Representación del ADN relajado, superenrollado positivamente y superenrollado negativamente. Fuente: MDPI. Enlace: https://www.mdpi.com/1422-0067/24/13/11199

4.1.2. Papel de las topoisomerasas

Las topoisomerasas son enzimas que regulan la topología del ADN mediante cortes transitorios en la columna vertebral del ADN para aliviar o introducir superbobinas:

1. **Topoisomerasa I**: Corta una hebra para aliviar la tensión de torsión.

2. **Topoisomerasa II (incluyendo la ADN girasa en las bacterias):** Corta ambas hebras, lo que permite la descatenación y el desenredo.

Estas enzimas son fundamentales durante la replicación del ADN, la transcripción y la segregación cromosómica.

4.1.3. Superenrollamiento del ADN en el contexto de la cromatina

En las células eucariotas, el superenrollamiento funciona en conjunto con el empaquetamiento de cromatina:

1. La formación de nucleosomas puede restringir el superenrollamiento.
2. Las enzimas de remodelación de la cromatina ayudan a controlar la tensión torsional durante la transcripción.
3. El superenrollamiento está regulado regionalmente, dependiendo de la actividad transcripcional.

4.1.4. Implicaciones para la expresión y replicación génica

Influencias del superenrollado:

1. **Accesibilidad del promotor**: El superenrollamiento negativo mejora la separación de la hebra en los promotores.
2. **Elongación de la transcripción**: la ARN polimerasa genera superbobinas positivas delante y negativas detrás.
3. **Progresión de la horquilla de replicación**: El superenrollado debe resolverse para el movimiento y la estabilidad de la horquilla.

La interrupción del superenrollamiento normal está relacionada con la inestabilidad del genoma y puede ser un objetivo para los medicamentos antimicrobianos y contra el cáncer.

4.2. Remodelación de la cromatina y modificaciones de histonas

La remodelación de la cromatina y las modificaciones de las histonas son mecanismos esenciales que regulan la accesibilidad del ADN y la expresión génica. Estos procesos influyen en la fuerza con la que el ADN se envuelve alrededor de las histonas y en cómo se organiza el paisaje de la cromatina en todo el genoma, controlando así la producción funcional del genoma en diferentes tipos y estados celulares.

4.2.1. Estructura y accesibilidad de la cromatina

La cromatina existe en dos formas principales:

- **Eucromatina**: Empaquetada suelta, transcripcionalmente activa.
- **Heterocromatina**: Densamente empaquetada, transcripcionalmente silenciosa.

El ADN se envuelve alrededor de los octámeros de histonas para formar nucleosomas, que son las unidades repetitivas fundamentales de la cromatina. La accesibilidad del ADN a los factores de transcripción y a las polimerasas depende de lo apretado que esté empaquetado.

4.2.2. Complejos de remodelación de la cromatina

Los complejos de remodelación de la cromatina dependientes de ATP alteran el posicionamiento, el espaciamiento y la composición de los nucleosomas. Las familias principales incluyen:

- **SWI/SNF**: Interrumpe los nucleosomas para promover la transcripción.
- **ISWI**: Mantiene el espaciado de nucleosomas.
- **CHD**: Implicado tanto en la represión como en la activación.
- **INO80**: Facilita la reparación y replicación del ADN.

Estos complejos reposicionan o expulsan histonas, alterando la compactación de la cromatina y la accesibilidad de los genes.

4.2.3. Modificaciones de Histona: El Código Histone

Las proteínas histonas experimentan modificaciones postraduccionales (PTM), principalmente en sus colas N-terminales. Las modificaciones comunes incluyen:

- **Acetilación**: Típicamente asociada con la activación de genes.
- **Metilación**: Puede activarse o reprimirse dependiendo del residuo.
- **Fosforilación**: Interviene en la reparación del ADN y en la condensación de la cromatina.
- **Ubiquitinación**: Desempeña un papel en la regulación transcripcional y el recambio de histonas.

Estas modificaciones forman colectivamente un "código de histonas" interpretado por las proteínas de unión a la cromatina.

4.2.4. Escritores, borradores y lectores

Las modificaciones de las histonas están reguladas por:

- **Escritores**: Enzimas que añaden modificaciones (por ejemplo, HATs, HMTs).
- **Gomas de borrar**: Enzimas que eliminan modificaciones (por ejemplo, HDAC, demetilasas).
- **Lectores**: Proteínas que reconocen y se unen a modificaciones específicas (por ejemplo, bromodominios, cromodominios).

Estos reguladores controlan dinámicamente la expresión génica y el comportamiento de la cromatina en respuesta a las señales celulares.

4.2.5. Papel en el desarrollo y la enfermedad

Las modificaciones aberrantes de las histonas y la actividad remodeladora están implicadas en:

- Trastornos del desarrollo
- Progresión del cáncer

- Enfermedades neurológicas

Dirigirse a las enzimas epigenéticas (como los inhibidores de HDAC) se ha convertido en un enfoque terapéutico prometedor.

4.3. Metilación del ADN y ARN no codificante

La metilación del ADN y los ARN no codificantes (ncRNA) representan dos mecanismos reguladores epigenéticos potentes e interconectados que controlan la expresión génica, la estabilidad del genoma y la programación del desarrollo. Juntos, dan forma al epigenoma e influyen en el destino de las células, la identidad y la susceptibilidad a las enfermedades.

4.3.1. Metilación del ADN: mecanismo y enzimas

La metilación del ADN implica la adición de un grupo metilo ($-CH_3$) al carbono 5 de la citosina, principalmente en los dinucleótidos CpG. Esta modificación:

- Silencia la expresión génica
- Mantiene la estabilidad genómica
- Contribuye a la inactivación e impronta del cromosoma X

Enzimas clave involucradas:

- **DNMT1**: Mantiene los patrones de metilación durante la replicación del ADN.
- **DNMT3A y DNMT3B**: Establecen nuevas marcas de metilación (metilación de novo).

4.3.2. Islas CpG y patrones de metilación

Las islas CpG son regiones ricas en dinucleótidos CpG, que a menudo se encuentran cerca de los promotores de genes. En las células normales:

- Los genes activos tienen **islas CpG no metiladas**.
- Los genes silenciados o los alelos impresos pueden tener **promotores metilados**.

La metilación aberrante de las islas CpG puede silenciar los genes supresores de tumores en el cáncer o alterar la expresión génica del desarrollo.

4.3.3. ARN no codificantes: clasificación y funciones

Los ARN no codificantes (ncRNAs) son moléculas de ARN que no codifican proteínas, pero regulan la expresión génica a nivel transcripcional y postranscripcional. A grandes rasgos, se clasifican en:

- **ncRNAs cortos** (p. ej., miRNA, siRNA, piRNA)
- **ncRNAs largos** (lncRNAs, >200 nucleótidos)

Entre sus funciones se encuentran:

- Silenciamiento génico
- Modificación de la cromatina
- Interferencia transcripcional
- Regulación postranscripcional del ARNm

4.3.4. MicroARN (miARN) y ARN interferente pequeño (ARNsi)

- **miARN:** Expresados endógenamente; regulan la expresión génica mediante la unión 3' UTR de ARNm diana, causando degradación o inhibición de la traducción.
- **siRNAs**: A menudo exógenos o derivados de dsRNA largos;

desencadenan una escisión específica del ARNm a través del complejo RISC.

Estos pequeños ARN actúan como sintonizadores finos de la expresión génica y desempeñan funciones en el desarrollo, las respuestas inmunitarias y las enfermedades.

4.3.5. ARN largo no codificante (lncRNAs) y regulación epigenética

Los lncRNAs regulan la expresión génica mediante:

- Reclutar modificadores de la cromatina (p. ej., PRC2)
- Actuar como andamios, señuelos o guías
- Influencia en la arquitectura nuclear y el procesamiento del ARNm

Un ejemplo notable es **XIST**, que recubre el cromosoma X inactivo y desencadena su silenciamiento a través de modificaciones de histonas y metilación del ADN.

4.3.6. Interacción entre la metilación del ADN y los ncRNAs

La metilación del ADN y los ARN no codificantes interactúan en complejos bucles de retroalimentación:

- Los patrones de metilación pueden regular la expresión de ncRNA.
- Los ncRNAs pueden reclutar ADN metiltransferasas o demetilasas a loci específicos.

Estas interacciones forman intrincadas redes epigenéticas críticas para el desarrollo, la diferenciación celular y la biología del cáncer.

4.4. Regulación epigenética en el desarrollo y la enfermedad

Las modificaciones epigenéticas, como la metilación del ADN, las modificaciones de histonas y los ARN no codificantes, orquestan programas de expresión génica cruciales para el desarrollo embrionario, la diferenciación celular y la homeostasis de los tejidos. La interrupción de estos procesos puede provocar trastornos del desarrollo, cáncer, enfermedades neurológicas y afecciones relacionadas con el envejecimiento.

4.4.1. Epigenética en el desarrollo embrionario

Durante el desarrollo, las células madre pluripotentes se someten a una reprogramación epigenética progresiva para establecer perfiles de expresión génica específicos del linaje. Los procesos clave incluyen:

- **Desmetilación y remetilación global del ADN** durante la embriogénesis temprana.
- **Establecimiento de potenciadores específicos de tejidos** y paisajes de cromatina.
- **Silenciamiento de genes de pluripotencia** y activación de factores de transcripción definitorios de linaje.

4.4.2. Impronta genómica y memoria epigenética

La impronta genómica es un fenómeno epigenético en el que solo se expresa un alelo parental mientras que el otro está silenciado. Esto está mediado por:

- **Patrones de metilación del ADN específicos de los padres** establecidos en los gametos.
- **Modificaciones de histonas** que refuerzan el silenciamiento.

Los genes impresos son esenciales para el crecimiento, el desarrollo y la función neurológica. Los errores en la impronta causan trastornos como los

síndromes de Prader-Willi **y Angelman**.

4.4.3. Desregulación epigenética en el cáncer

Las células cancerosas exhiben alteraciones epigenéticas generalizadas, que incluyen:

- **Hipermetilación** de promotores de genes supresores de tumores (por ejemplo, p16, BRCA1)
- **Hipometilación global**, que conduce a la inestabilidad genómica
- **Patrones aberrantes de modificación de histonas**
- **Mala regulación de los ncRNAs**

Estos cambios pueden provocar proliferación incontrolada, evasión inmunitaria y metástasis.

4.4.4. Epigenética en trastornos neurológicos y psiquiátricos

Las modificaciones epigenéticas están implicadas en el desarrollo del cerebro, el aprendizaje y la memoria. Las interrupciones pueden provocar lo siguiente:

- **Trastornos del neurodesarrollo** (p. ej., síndrome de Rett, X frágil)
- **Enfermedades neurodegenerativas** (por ejemplo, Alzheimer, Parkinson)
- **Afecciones psiquiátricas** (por ejemplo, esquizofrenia, depresión)

Los factores ambientales como el estrés, las toxinas y la dieta pueden modificar el epigenoma del cerebro a lo largo de la vida.

4.4.5. Contribuciones epigenéticas al envejecimiento y la longevidad

El envejecimiento se acompaña de cambios globales y específicos del sitio en la metilación del ADN ("reloj epigenético"), cambios en la modificación de histonas y perfiles de ncRNA alterados. Las características clave incluyen:

- **Pérdida de la integridad de la heterocromatina**
- **Aumento de la deriva de la metilación del ADN**
- **Expresión alterada de genes relacionados con el envejecimiento (por ejemplo, SIRT1, FOXO)**

Estos contribuyen a la senescencia celular, la inflamación y el deterioro funcional.

5. Expresión y regulación génica avanzada

5.1. Mecanismos de control transcripcional

El control transcripcional es el primer paso y el más regulado en la expresión génica. Determina cuándo, dónde y cuánto de un gen se transcribe en ARN, lo que permite a las células responder a las señales internas y externas. Esta regulación se logra a través de interacciones complejas entre factores de transcripción, elementos promotores, potenciadores, represores, estructura de la cromatina y marcas epigenéticas.

5.1.1. Promotores principales y factores de transcripción

Los promotores centrales son secuencias de ADN ubicadas aguas arriba del sitio de inicio de la transcripción (TSS), donde los factores de transcripción generales y la ARN polimerasa II se ensamblan para comenzar la transcripción. Los elementos clave incluyen la caja TATA, el iniciador (Inr) y los elementos promotores descendentes (DPE).

Los factores de transcripción generales (GTF) como TFIID, TFIIA y TFIIB son esenciales para la unión de la ARN polimerasa II. Por el contrario, **factores de transcripción específicos** se unen a secuencias reguladoras para activar o reprimir la expresión génica.

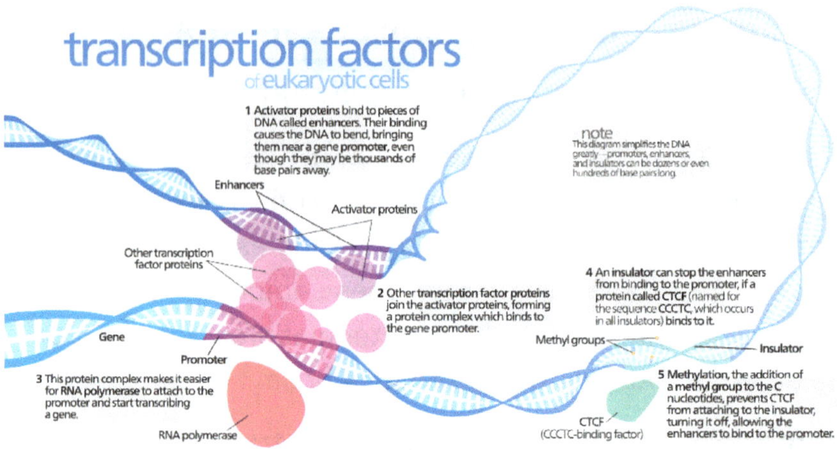

Figura 5.1: Unión de factores de transcripción generales y específicos a la región promotora. Fuente: Wikipedia. Enlace: https://en.wikipedia.org/wiki/General_transcription_factor

5.1.2. Potenciadores, silenciadores y aislantes

- **Los potenciadores** son elementos distales del ADN que aumentan la eficiencia de la transcripción a través de interacciones en bucle con los promotores.
- **Los silenciadores** tienen una estructura similar, pero reprimen la transcripción de genes.
- **Los aisladores** bloquean la interacción entre potenciadores y promotores cuando se colocan entre ellos.

Estos elementos pueden actuar a largas distancias y, a menudo, son específicos de cada tejido.

5.1.3. Estructura de la cromatina y accesibilidad transcripcional

La accesibilidad de los genes está gobernada por el entorno local de la cromatina:

- **La eucromatina** está poco empaquetada y es transcripcionalmente activa.

- **La heterocromatina** se condensa y generalmente se silencia.
- **Los complejos de remodelación de nucleosomas** , como SWI/SNF, reposicionan los nucleosomas para exponer las regiones reguladoras.
- **La acetilación de histonas** (por ejemplo, H3K27ac) y las marcas de metilación modulan la preparación transcripcional.

5.1.4. Regulación combinatoria y cooperativa

Los genes a menudo están controlados por múltiples factores de transcripción que actúan en combinación, lo que permite una regulación precisa. Estos factores pueden:

- **Cooperar sinérgicamente** para mejorar la activación de genes.
- **Compita** por sitios de enlace superpuestos.
- **Interactúan con cofactores o corepresores** para influir en la cromatina y la maquinaria de transcripción.

Esta lógica combinatoria subyace a la complejidad de la expresión génica en el desarrollo, la inmunidad y la enfermedad.

5.1.5. Respuesta a las señales extracelulares

Las cascadas de transducción de señales (por ejemplo, MAPK, JAK-STAT, NF-κB) a menudo culminan en la activación o represión de factores de transcripción. Estos factores se unen al ADN para regular la expresión de genes específicos en respuesta a las hormonas, el estrés o los factores de crecimiento.

Ejemplos:

- **Unión al receptor de glucocorticoides** en respuesta al cortisol.
- **Activación de proteínas STAT** por citocinas.
- **Fosforilación de CREB** después de la señalización de cAMP.

5.2. Procesamiento y edición de ARN

El procesamiento y la edición del ARN son mecanismos postranscripcionales cruciales que regulan la diversidad, la estabilidad y la funcionalidad de las moléculas de ARN. Estos pasos transforman la transcripción de ARN primario (pre-ARNm) en un ARNm maduro capaz de ser traducido en proteínas. El procesamiento incluye el taponamiento, el empalme y la poliadenilación, mientras que la edición implica alteraciones directas de la secuencia de ARN, lo que influye en la expresión génica sin modificar el ADN subyacente.

5.2.1. Procesamiento de pre-ARNm en eucariotas

En las células eucariotas, la transcripción de ARN primario sufre varias modificaciones antes de que pueda funcionar como ARNm maduro:

- **Tapón 5':** Se añade un tapón de 7-metilguanosina al extremo 5' poco después de que comienza la transcripción. Esta tapa protege el ARNm de la degradación y es esencial para el reconocimiento de los ribosomas.
- **Empalme:** Se eliminan los intrones (regiones no codificantes) y los exones (regiones codificantes) se unen mediante el spliceosoma. El empalme alternativo permite producir diferentes proteínas a partir de un solo gen.
- **Poliadenilación 3':** Se añade una cola de poli(A) al extremo 3', lo que mejora la estabilidad y la eficiencia de traducción del ARNm.

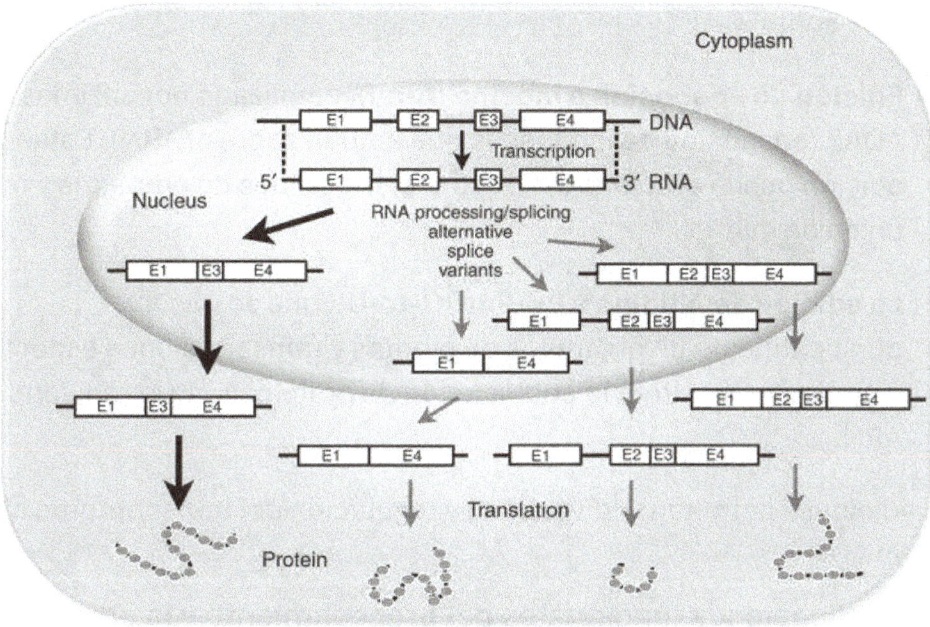

Figura 5.2: Una ilustración esquemática de la transcripción, el procesamiento/empalme del pre-ARNm y la traducción. Fuente: ResearchGate. Enlace: https://www.researchgate.net/figure/Schematic-illustration-of-transcription-pre-mRNA-processing-splicing-and-translation-A_fig1_23498088

5.2.2. Empalme de ARN y dinámica de empalme

El espliceosoma, un gran complejo de ribonucleoproteínas, orquesta la eliminación de intrones. Reconoce secuencias específicas en los límites intrón-exón y cataliza dos reacciones de transesterificación para extirpar intrones y ligar exones.

El empalme alternativo amplía la diversidad proteómica y permite que un solo gen codifique múltiples variantes de proteínas. Las secuencias reguladoras y los factores de empalme determinan qué exones se incluyen o se omiten.

5.2.3. Edición de ARN: conversiones de A a I y de C a U

La edición de ARN implica modificaciones químicas que cambian las secuencias de nucleótidos después de la transcripción. Los dos tipos más estudiados son:

- **Edición de adenosina a inosina (A-a-I),** catalizada por enzimas ADAR (adenosina desaminasas que actúan sobre el ARN). Esta edición puede afectar a los codones, a los sitios de empalme y a la unión de miARN.

- **La edición de citidina a uridina (C-to-U),** que se observa principalmente en orgánulos de plantas y transcripciones específicas de mamíferos, altera la codificación de proteínas y la estabilidad del ARN.

Estas ediciones permiten la diversidad y regulación del transcriptoma sin alterar el ADN.

5.2.4. Implicaciones funcionales del procesamiento y la edición del ARN

El procesamiento y la edición del ARN tienen implicaciones biológicas críticas:

- **Regulación génica:** El empalme y la edición alternativos amplían la diversidad de proteínas.

- **Desarrollo:** Las isoformas de empalme específicas de tejido son vitales durante la diferenciación.

- **Asociaciones de enfermedades:** Las mutaciones en los factores de empalme o los patrones de edición aberrantes están relacionados con trastornos neurológicos y cánceres.

5.3. Control traslacional y ribointerruptores

El control traslacional desempeña un papel fundamental en el ajuste fino de la expresión génica al regular cómo y cuándo se traducen los ARNm en proteínas. Esta regulación asegura la adaptación celular a las señales ambientales, las señales de desarrollo y las condiciones de estrés. Los riboswitches, elementos de ARN estructurado, son uno de esos mecanismos, ya que detectan directamente los metabolitos y modulan la expresión génica a nivel traslacional.

5.3.1. Mecanismos de control traslacional

El control traslacional se produce en varias etapas:

- **Reglamento de Iniciación:** Es el punto de control más común. Los factores de iniciación eucariotas (eIFs) median el reclutamiento de ribosomas. La fosforilación de eIF2α o el secuestro de eIF4E pueden inhibir la traducción bajo estrés o durante la infección viral.

- **Localización de ARNm:** Ciertos ARNm se transportan a ubicaciones celulares específicas y se traducen localmente. Esto es importante en las neuronas y durante el desarrollo embrionario.

- **Estabilidad y degradación del ARNm:** los ARNm con colas cortas de poli(A) o elementos ricos en AU se degradan rápidamente, lo que limita la traducción.

- **Marcos de lectura abiertos (uORF) ascendentes:** Las secuencias reguladoras en el UTR de 5' pueden impedir que se traduzca el ORF principal.

5.3.2. Papel de los microRNAs en la represión traduccional

Los microARN (miARN) son pequeños ARN no codificantes que se unen a secuencias complementarias en la UTR 3' de los ARNm diana. Esta unión puede bloquear la traducción o promover la degradación del ARNm a través del complejo de silenciamiento inducido por ARN (RISC).

Mecanismo: los miRNAs reprimen la traducción mediante:

- Prevención del ensamblaje de ribosomas.
- Inducir la deadenilación y el destaponado.
- Proteínas reclutadoras que promueven la descomposición del ARNm.

Esta regulación está muy extendida en animales y plantas y desempeña funciones en el desarrollo, la inmunidad y el cáncer.

5.3.3. Riboswitches: sensores de metabolitos basados en ARN

Los riboswitches son dominios de ARN estructurados que se encuentran normalmente en la región no traducida 5' (UTR) de los ARNm bacterianos. Se unen a metabolitos o iones y sufren cambios conformacionales que afectan a la expresión génica.

Unión de ligandos: Tras la unión de ligandos, el riboswitch puede:

- Enmascarar o revelar el sitio de unión del ribosoma (RBS).
- Inducir la terminación prematura de la transcripción.
- Alterar la estabilidad del ARNm.

Ejemplos:

- **Pirofosfato de tiamina (TPP) riboswitch**: regula los genes implicados en la síntesis de vitamina B1.
- **FMN riboswitch**: controla la biosíntesis de flavinas.

5.3.4. Control traslacional en el desarrollo y las respuestas al estrés

En los organismos pluricelulares, la regulación traslacional es crucial durante:

- **Embriogénesis:** Los ARNm maternos se almacenan y traducen selectivamente durante el desarrollo temprano.

- **Respuesta al estrés:** Bajo choque de calor o inanición de nutrientes, las células suprimen la traducción global mientras traducen selectivamente las proteínas de respuesta al estrés (por ejemplo, proteínas de choque térmico).

5.4. Silenciamiento génico: ARNi, miARN y ARNip

El silenciamiento génico se refiere a la regulación de la expresión génica de una manera que impide la producción de proteínas específicas. Uno de los mecanismos de silenciamiento génico más poderosos es el **ARN de interferencia (ARNi),** que es un sistema de regulación génica postranscripcional que involucra pequeñas moléculas de ARN, principalmente **microARN (miARN)** y **ARN interferente pequeños (siARN).** Estas moléculas desempeñan un papel crucial en el desarrollo, la defensa inmunitaria y la eliminación experimental de genes.

5.4.1. Mecanismos de ARN de interferencia (ARNi)

El ARNi es un proceso biológico natural en el que **el ARN bicatenario (dsRNA)** desencadena la degradación o represión traduccional de secuencias complementarias de ARNm.

- **Iniciación:** el dsRNA se introduce o produce en la célula.
- **Enzima Dicer:** Escinde el dsRNA en ~21-23 siRNAs de nucleótidos.
- **Complejo RISC:** El complejo de silenciamiento inducido por ARN desenrolla el ARNip e incorpora una hebra como guía.
- **Objetivo del ARNm:** El ARN guía conduce RISC al ARNm complementario, que está escindido (siRNA) o reprimido traduccionalmente (miRNA).

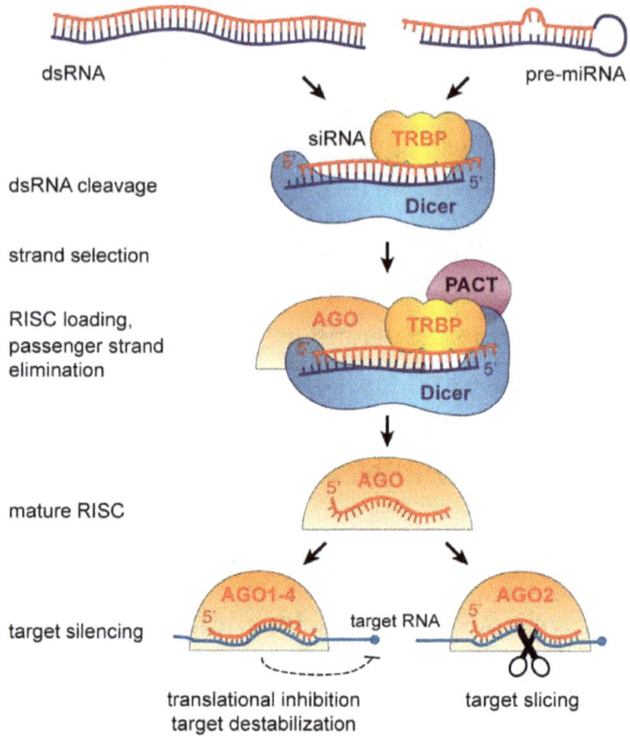

Figura 5.3: La vía de interferencia de ARN que muestra las funciones de Dicer y el complejo RISC. Fuente: ResearchGate: Enlace: https://www.researchgate.net/figure/The-RNA-interference-RNAi-pathway-in-mammals-A-single-Dicer-protein-processes-long_fig4_333158892

5.4.2. MicroARN (miARN)

Los miARN son ARN endógenos no codificantes transcritos a partir de genes de miARN. Se pliegan en bucles de horquilla, son procesados por Dicer y se asocian con RISC.

- **Reconocimiento de Dianas:** Complementariedad parcial con los ARNm diana, generalmente en la región 3' no traducida (3' UTR).
- **Función:** Inhibir la traducción o provocar la desestabilización del ARNm.
- **Importancia biológica:** los miRNAs están involucrados en la

diferenciación celular, el desarrollo, el metabolismo y la regulación de enfermedades.

5.4.3. ARN interferentes pequeños (ARNsi)

Los siRNAs suelen ser exógenos (introducidos por virus o investigadores), pero también pueden originarse a partir de fuentes endógenas.

- **Reconocimiento de objetivos:** Complementariedad perfecta o casi perfecta con el ARNm objetivo.
- **Función:** Guiar a RISC para escindir y degradar ARNm específicos.
- **Herramienta de investigación:** Ampliamente utilizada en la investigación genética para eliminar la expresión génica de forma selectiva.

5.4.4. Aplicaciones del silenciamiento génico

Las tecnologías de silenciamiento génico tienen amplias aplicaciones:

- **Genómica funcional:** Silenciamiento de genes para estudiar sus funciones.
- **Terapéutica: se** están desarrollando fármacos basados en siRNA para el cáncer, las infecciones virales y los trastornos genéticos.
- **Agricultura:** ARNi utilizado para desarrollar cultivos resistentes a plagas o tolerantes a la sequía.
- **Defensa antiviral:** Muchos organismos utilizan el ARNi para combatir el ARN viral.

6. Ingeniería genómica y tecnologías CRISPR

6.1. Sistemas CRISPR-Cas

El **sistema CRISPR-Cas** (Clustered Regularly Interspaced Short Palindromic Repeats and CRISPR-associated proteins) es una herramienta revolucionaria para **la edición del genoma**, que permite a los investigadores alterar las secuencias de ADN y modificar la función de los genes con una precisión sin precedentes. Originalmente descubierto como una defensa inmunitaria bacteriana contra los virus, CRISPR se ha adaptado a una de las herramientas más potentes y versátiles de la biología molecular.

6.1.1. Descubrimiento y papel biológico de CRISPR

CRISPR se identificó por primera vez en bacterias y arqueas como un mecanismo de defensa contra los bacteriófagos. El sistema captura fragmentos de ADN viral y los integra en el genoma del huésped en los loci CRISPR. Estos segmentos sirven como memoria genética para reconocer y defenderse de futuras infecciones.

Jugadores clave:

- **CRISPR Array:** Repeticiones y espaciadores derivados del ADN viral.
- **Proteínas Cas:** Enzimas (por ejemplo, Cas9, Cas12a) que utilizan ARN CRISPR (ARNcr) para localizar y cortar el ADN viral complementario.

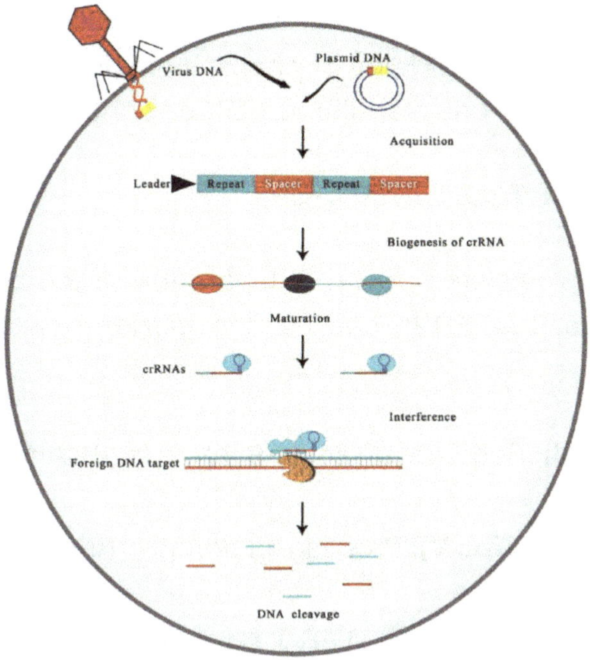

Figura 6.1: Defensa bacteriana natural de CRISPR que muestra la adquisición de espaciadores, la biogénesis del ARNcr y la interferencia con el ADN extraño. *Fuente: ResearchGate: Enlace: https://www.researchgate.net/figure/Mechanism-of-CRISPR-cas-immunity-divided-into-three-stages-Stage-1-spacer-acquisition_fig1_308611937*

6.1.2. CRISPR-Cas9: Mecanismo de edición del genoma

En la edición del genoma, el sistema CRISPR-Cas9 está diseñado para dirigirse a secuencias genómicas específicas.

- **ARN guía (ARNg):** Diseñado para coincidir con la secuencia de ADN diana.
- **Cas9 Nucleasa:** Se une al ARNg y crea una rotura de doble cadena (DSB) en el ADN.
- **Reparación celular:**
    - **Unión de extremos no homólogos (NHEJ):** propensa a

errores, a menudo resulta en la eliminación de genes.
    - **Reparación dirigida por homología (HDR):** Edición precisa utilizando una plantilla de ADN de donante.

6.1.3. Tipos de sistemas CRISPR-Cas

Existen varios tipos de sistemas CRISPR, pero los **sistemas de clase 2** (especialmente Cas9 y Cas12a) son los más utilizados en la edición del genoma.

- **Cas9 (Tipo II):** Requiere un solo ARN guía (sgRNA); crea cortes de punta roma.
- **Cas12a (Cpf1, Tipo V):** Procesa su propio crRNA y crea cortes escalonados.
- **Cas13 (Tipo VI):** Se dirige al ARN, no al ADN, útil para la edición del transcriptoma.

6.1.4. Ventajas de la tecnología CRISPR

- **Alta especificidad y eficiencia**
- **Facilidad de diseño y uso**
- **Capacidad de multiplexación:** se dirige a varios genes simultáneamente.
- **Rentabilidad:** Más barato que las tecnologías anteriores de edición del genoma, como las ZFN y las TALEN.

6.1.5. Limitaciones y desafíos

A pesar de sus ventajas, CRISPR tiene algunas limitaciones:

- **Efectos fuera del objetivo:** Ediciones no intencionadas en secuencias similares.
- **Sistemas de administración:** La entrega eficiente y segura en las células sigue siendo un desafío.
- **Consideraciones éticas:** Particularmente en lo que respecta a la edición de la línea germinal y la modificación embrionaria.

6.2. Aplicaciones en investigación y terapia

Las tecnologías CRISPR han transformado la investigación biomédica y las estrategias terapéuticas al permitir la manipulación precisa del genoma. Desde la genómica funcional hasta la terapia génica, la versatilidad de CRISPR se extiende a través de organismos modelo, modelado de enfermedades, medicina regenerativa e incluso posibles curas para trastornos genéticos.

6.2.1. Genómica funcional y estudios de knockout génico

CRISPR ha revolucionado **la genómica funcional** al permitir a los investigadores crear knockouts genéticos específicos y estudiar la función de los genes.

- Las pantallas CRISPR de alto rendimiento identifican genes esenciales para la supervivencia de las células cancerosas, la resistencia a los medicamentos o la respuesta inmunitaria.
- Permite el análisis sistemático de las vías genéticas en varios tipos de células y organismos.

6.2.2. Terapia génica y corrección de enfermedades

CRISPR se está desarrollando para tratar o incluso curar **enfermedades**

genéticas hereditarias mediante la corrección de mutaciones a nivel de ADN.

- Algunos ejemplos son **la anemia de células falciformes**, **la beta-talasemia** y **la amaurosis congénita de Leber**.
- Los enfoques in vivo y ex vivo se utilizan en función del tejido y del objetivo.

6.2.3. Ingeniería de células madre y medicina regenerativa

CRISPR se utiliza ampliamente para modificar genéticamente **células madre** para el modelado de enfermedades y terapias regenerativas.

- Las células madre pluripotentes inducidas (iPSC) editadas con CRISPR pueden modelar mutaciones específicas del paciente.
- Permite la creación de células genéticamente corregidas para trasplante.

6.2.4. Inmunoterapia contra el cáncer y diseño de células CAR-T

CRISPR facilita la **ingeniería de células inmunitarias** para la terapia contra el cáncer.

- Se utiliza para diseñar células T receptoras **de antígenos quiméricos (CAR-T)** con una eficacia mejorada y un rechazo inmunitario reducido.
- Permite la eliminación de genes de puntos de control inmunitario como PD-1 para mejorar la respuesta antitumoral.

6.2.5. Investigación de enfermedades infecciosas

CRISPR se aplica tanto en el diagnóstico como en el tratamiento de enfermedades infecciosas:

- **Los diagnósticos CRISPR (por ejemplo, SHERLOCK, DETECTR)** permiten la detección rápida de virus como el SARS-CoV-2.
- Se están realizando esfuerzos para utilizar CRISPR para **inactivar genomas virales latentes**, como el provirus del VIH, en las células huésped.

6.2.6. Biotecnología agrícola

En la ciencia de los cultivos, CRISPR se emplea para:

- Mejorar la resistencia a plagas y enfermedades.
- Mejorar el valor nutricional y el rendimiento.
- Acelere la cría sin inserción de ADN extraño (no transgénico).

Ejemplos: plátanos resistentes a enfermedades, arroz tolerante a la sequía y champiñones que no se oscurecen.

6.3. Consideraciones éticas en la edición del genoma

El advenimiento de las tecnologías de edición del genoma, especialmente los sistemas CRISPR-Cas, ha marcado el comienzo de posibilidades transformadoras en la ciencia y la medicina. Sin embargo, el poder de alterar el código genético de los organismos vivos, especialmente los humanos, plantea profundas preocupaciones éticas, legales y sociales. A medida que la edición del genoma pasa del laboratorio a las aplicaciones clínicas y agrícolas, se vuelve cada vez más esencial un diálogo equilibrado que involucre a científicos, responsables políticos, especialistas en ética y el público.

6.3.1. Edición germinal vs. edición somática

Una distinción ética clave es entre **la edición de la línea germinal** (cambios hereditarios en espermatozoides, óvulos o embriones) y **la edición somática** (cambios no hereditarios en las células del cuerpo).

- **La edición de la línea germinal** afecta a las generaciones futuras y, a menudo, se considera más polémica desde el punto de vista ético.
- **La edición somática** es generalmente más aceptada para el tratamiento de enfermedades en individuos vivos.

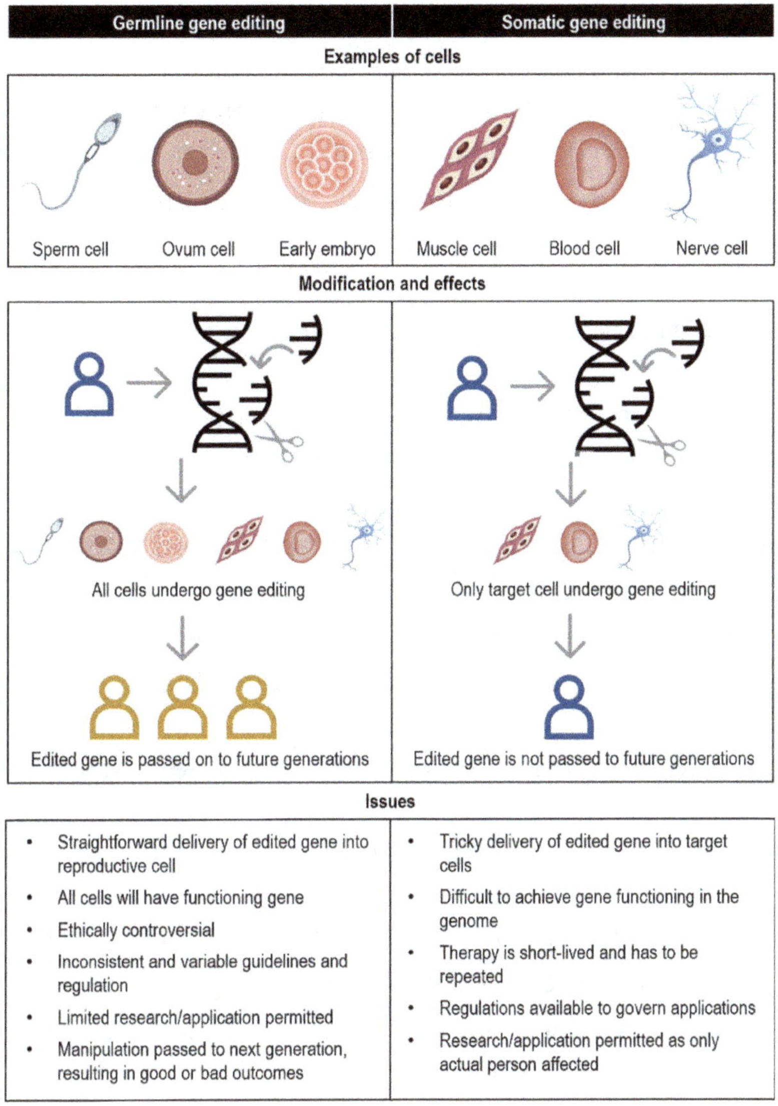

Figura 6.2: Ilustración que compara la edición de la línea germinal (heredable) y la edición somática (no heredable). Fuente: ResearchGate. Enlace: https://www.researchgate.net/figure/Comparison-between-germline-and-somatic-gene-editing-therapy-in-terms-of-the-types-of_fig1_357825083

6.3.2. Mejora humana y "bebés de diseño"

CRISPR aumenta el potencial de **mejora humana**, como la alteración de genes para mejorar la inteligencia, las habilidades físicas o la apariencia, más allá de la necesidad médica.

- Enciende el debate sobre la eugenesia, la equidad y la mercantilización de la vida humana.
- Surge la pregunta: ¿dónde trazamos la línea entre la terapia y la mejora?

6.3.3. Equidad, acceso y disparidades globales

Es posible que los beneficios de la edición del genoma no sean igualmente accesibles en todo el mundo o dentro de los países:

- Existe la preocupación de que las terapias avanzadas estén disponibles solo para los ricos.
- Las disparidades en la infraestructura de **investigación genómica** pueden exacerbar las desigualdades mundiales en materia de salud.

6.3.4. Consentimiento informado y autonomía del paciente

En las aplicaciones clínicas, **el consentimiento informado** es fundamental:

- Los pacientes deben comprender los riesgos, beneficios y limitaciones de la edición del genoma.
- Los problemas surgen cuando la edición se realiza en embriones o niños que no pueden dar su consentimiento.

6.3.5. Riesgos ambientales y ecológicos

El uso de la edición del genoma en **los ecosistemas**, como los impulsores genéticos para erradicar mosquitos, presenta riesgos:

- Las consecuencias no deseadas pueden alterar el equilibrio ecológico.
- Los rasgos editados podrían propagarse sin control en la naturaleza.

6.3.6. Desafíos regulatorios y de gobernanza

Los marcos regulatorios actuales suelen estar desactualizados o son inconsistentes en todos los países:

- Algunos países permiten la edición clínica de genes; otros lo prohíben por completo.
- Falta un consenso mundial sobre cómo gobernar la investigación y las aplicaciones de la edición del genoma.

6.4. Efectos fuera del objetivo y estrategias de precisión

Si bien los sistemas CRISPR-Cas y otras tecnologías de edición genómica ofrecen una precisión sin precedentes, no están exentos de fallas. Una de las principales preocupaciones es la posibilidad de **efectos fuera del objetivo**, es decir, modificaciones no intencionadas en sitios genómicos distintos de la secuencia objetivo. Estos cambios no deseados pueden tener consecuencias impredecibles, como la alteración de genes, mutaciones u oncogénesis. Para minimizar estos riesgos, los investigadores han desarrollado un conjunto de **estrategias de precisión** destinadas a mejorar la exactitud y la seguridad de la edición del genoma.

6.4.1. Comprensión de los efectos fuera del objetivo

Los efectos fuera del objetivo ocurren cuando las herramientas de edición del genoma se unen y se escinden por error en secuencias similares, pero no idénticas, al objetivo previsto.

- Estos efectos pueden verse influenciados por el tipo de **proteína Cas**, la **secuencia de ARNg** y **la accesibilidad de la cromatina**.
- Las ediciones no intencionadas pueden causar **mutaciones**, alterar las regiones reguladoras o activar oncogenes.

6.4.2. Métodos de detección de efectos fuera del objetivo

Se utilizan numerosas técnicas experimentales para detectar ediciones fuera del objetivo:

- **GUIDE-seq** (Identificación insesgada de DSB en todo el genoma habilitada por secuenciación)
- **Digenome-seq**, **SITE-seq**, **CIRCLE-seq** y **DISCOVER-seq**
- Secuenciación del genoma completo (WGS) para la creación integral de perfiles fuera del objetivo

6.4.3. Mejora de la especificidad con variantes de Cas diseñadas

Para reducir la actividad fuera del objetivo, los investigadores han desarrollado **variantes de Cas de alta fidelidad**, que incluyen:

- **SpCas9-HF1**
- **eSpCas9** (especificidad mejorada)
- **HypaCas9**
- **Francotirador-Cas9**

Estas proteínas modificadas mantienen la actividad en el objetivo al tiempo que reducen en gran medida la escisión fuera del objetivo.

6.4.4. Precisión a través de la edición base y la edición principal

Las nuevas herramientas de edición del genoma tienen como objetivo **reescribir el ADN** sin introducir roturas de doble cadena (DSB):

- **Los editores de bases** (por ejemplo, editores de bases de citosina, editores de bases de adenina) convierten un nucleótido en otro sin cortar el ADN.
- **Los editores principales** utilizan transcriptasa inversa y un ARN guía especializado para insertar, eliminar o reemplazar secuencias específicas de ADN.

Estas técnicas ofrecen más control y menos riesgos fuera del objetivo.

6.4.5. Herramientas bioinformáticas para el diseño de ARNg

Las herramientas computacionales ayudan a diseñar ARN guía (ARNg) con un potencial mínimo fuera del objetivo:

- Algunos ejemplos son **CRISPOR,** CHOPCHOP, Cas-OFFinder **y** Benchling**.**
- Estas herramientas analizan el contexto de la secuencia, las discrepancias y los posibles sitios fuera del objetivo en todo el genoma.

Parte III: Técnicas moleculares en la investigación moderna

7. Secuenciación de próxima generación y tecnologías ómicas

7.1. Secuenciación de ADN, ARN y epigenoma

La secuenciación de próxima generación (NGS) ha revolucionado la investigación biológica al permitir la secuenciación paralela masiva de millones de moléculas de ADN o ARN con un alto rendimiento y precisión. Esta potente herramienta es compatible con una amplia gama de aplicaciones, desde el descubrimiento genómico hasta el diagnóstico clínico.

7.1.1. Principios de la secuenciación de nueva generación

Las tecnologías NGS siguen un flujo de trabajo general:

- **Preparación** de la muestra: aislamiento de ácidos nucleicos seguido de fragmentación y ligadura del adaptador.
- **Amplificación** : amplificación clonal (por ejemplo, PCR puente o PCR en emulsión).
- **Secuenciación** : secuenciación paralela utilizando plataformas como Illumina, Ion Torrent o PacBio.
- **Análisis de datos** : alineación con genomas de referencia, identificación de variantes e interpretación.

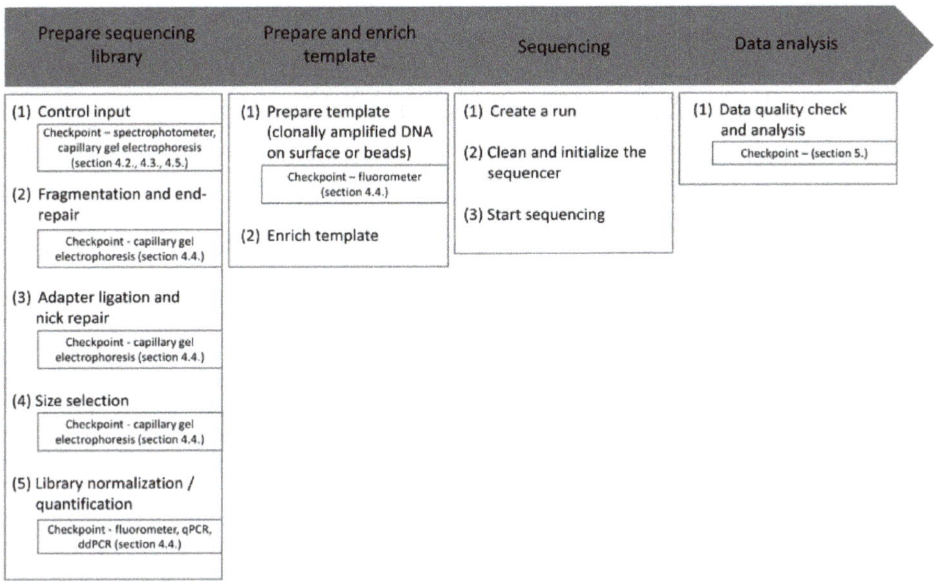

Figura 7.1: Descripción general de los pasos clave en un flujo de trabajo típico de NGS, incluida la preparación de bibliotecas, la secuenciación y el análisis de datos. Fuente: ResearchGate. Enlace: https://www.researchgate.net/figure/Overview-of-the-general-NGS-workflow-The-main-steps-library-and-template-preparation_fig1_304747820

7.1.2. Aplicaciones de secuenciación de ADN

La NGS permite la secuenciación del genoma completo (WGS), la secuenciación del exoma completo (WES) y la secuenciación dirigida:

- **La secuenciación del genoma completo** revela variantes estructurales, mutaciones y alteraciones en todo el genoma.
- **WES** se centra en las regiones codificantes, útiles para detectar mutaciones causantes de enfermedades.
- **La secuenciación dirigida** permite la secuenciación profunda de paneles de genes específicos.

7.1.3. Secuenciación de ARN (RNA-seq)

RNA-seq perfiles de expresión génica mediante secuenciación de transcriptomas:

- Cuantifica los niveles de expresión génica.
- Detecta transcripciones novedosas, eventos de empalme y edición de ARN.
- Permite la secuenciación de ARN de una sola célula (scRNA-seq) para estudiar la heterogeneidad celular.

7.1.4. Secuenciación del epigenoma

La secuenciación del epigenoma investiga las modificaciones químicas que regulan la expresión génica:

- **La secuenciación de bisulfito** mapea la metilación del ADN con una resolución de una sola base.
- **ChIP-seq** (secuenciación de inmunoprecipitación de cromatina) identifica las modificaciones de las histonas y la unión del factor de transcripción.
- **ATAC-seq** (Ensayo de cromatina accesible a la transposasa) revela la accesibilidad de la cromatina.

7.1.5. Desafíos y direcciones futuras

Si bien la NGS ha transformado la genómica, persisten los desafíos:

- **El volumen de datos y la complejidad del análisis** exigen potentes recursos computacionales.
- **La calidad** de la muestra, la preparación de la biblioteca y los sesgos de secuenciación pueden afectar a los resultados.
- El futuro incluye la **secuenciación de nanoporos en tiempo real, la integración de datos multiómicos** y **herramientas de**

interpretación basadas en IA.

7.2. Transcriptómica, proteómica y metabolómica

Las tecnologías de alto rendimiento han permitido realizar investigaciones a nivel de sistema de los perfiles moleculares de las células. **La transcriptómica**, **la proteómica** y **la metabolómica** son pilares clave de **la investigación ómica**, ya que permiten a los científicos explorar cómo se expresan los genes, cómo funcionan las proteínas y cómo los metabolitos reflejan los estados celulares.

7.2.1. Transcriptómica: estudio del transcriptoma

La transcriptómica se refiere al análisis exhaustivo de las transcripciones de ARN en una célula o tejido en un momento específico. Incluye:

- **Secuenciación masiva de ARN** para los niveles generales de expresión génica.
- **Secuenciación de ARN de una sola célula (scRNA-seq)** para evaluar la variabilidad de célula a célula.
- **Transcriptómica espacial** para localizar la expresión génica en el contexto de los tejidos.

Aplicaciones:

- Identificación de biomarcadores de enfermedades.
- Anotación funcional de genes.
- Descubrimiento de nuevas isoformas de ARN y eventos de splicing.

7.2.2. Proteómica: Perfilando el panorama de las proteínas

La proteómica investiga el conjunto completo de proteínas (proteoma) expresadas en una célula, tejido u organismo. Refleja modificaciones postraduccionales e interacciones de proteínas que no son evidentes a partir de los datos de transcripción.

Métodos clave:

- **Proteómica basada en espectrometría de masas (MS)**
- **Electroforesis en gel 2D**
- **Microarrays de proteínas**

Aplicaciones:

- Mapeo de interacciones proteína-proteína.
- Cuantificación de la expresión diferencial de proteínas.
- Identificación de modificaciones postraduccionales (p. ej., fosforilación, ubiquitinación).

7.2.3. Metabolómica: medición de metabolitos celulares

La metabolómica se centra en el perfil global de metabolitos de moléculas pequeñas como azúcares, aminoácidos, lípidos y nucleótidos.

Técnicas:

- Espectroscopía de resonancia magnética nuclear (RMN)
- Cromatografía de gases-espectrometría de masas (GC-MS)
- Cromatografía líquida-espectrometría de masas (LC-MS)

Aplicaciones:

- Caracterización de rutas metabólicas.
- Identificación de biomarcadores metabólicos.
- Diagnóstico de enfermedades y seguimiento de la respuesta a fármacos.

7.2.4. Enfoques ómicos integradores

La integración de la transcriptómica, la proteómica y la metabolómica permite una **visión de la biología de sistemas** de los procesos celulares:

- Revela correlaciones y discrepancias entre la expresión génica y los niveles de proteínas/metabolitos.
- Mejora la precisión en el modelado de enfermedades y el descubrimiento de biomarcadores.
- Permite **el análisis de redes multiómicas** para la reconstrucción de rutas y predicciones funcionales.

7.3. Análisis de datos e integración bioinformática

El análisis de datos y la bioinformática son esenciales para dar sentido a grandes cantidades de datos genómicos, transcriptómicos, proteómicos y metabolómicos. Esta sección explora las herramientas y estrategias utilizadas para procesar e interpretar conjuntos de datos biológicos complejos.

7.3.1. Tuberías bioinformáticas

- **Definición**: Las canalizaciones bioinformáticas son flujos de trabajo automatizados que toman datos sin procesar (por ejemplo, de secuenciación) a través de una serie de pasos computacionales, transformándolos en información biológica significativa.

- **Componentes**: Las canalizaciones suelen incluir control de calidad, alineación, ensamblaje y llamada de variantes.
- **Ejemplos**: Las tuberías como **Galaxy** y **Cufflinks** se utilizan habitualmente para el análisis de datos de RNA-Seq.

7.3.2. Enfoques estadísticos en los datos ómicos

- **Normalización de datos**: Antes del análisis, los datos sin procesar deben normalizarse para eliminar los sesgos y tener en cuenta la variabilidad entre las muestras.
- **Análisis de expresión** diferencial: En transcriptómica, herramientas como **DESeq2** y **edgeR** ayudan a identificar genes que se expresan diferencialmente en diferentes condiciones.
- **Técnicas de agrupación**: Métodos como **la agrupación jerárquica** y **la agrupación en clústeres k-means** ayudan a identificar patrones en los datos ómicos.

7.3.3. Integración de datos multiómicos

- **Visión general**: La integración de múltiples conjuntos de datos ómicos (por ejemplo, genómica, proteómica y metabolómica) permite una comprensión más holística de los sistemas biológicos.
- **Herramientas**: Softwares como **Cytoscape** y **Multi-Omics Factor Analysis (MOFA)** son ampliamente utilizados para el análisis integrador.

7.3.4. Aprendizaje automático en bioinformática

- **Aplicación**: Los algoritmos de aprendizaje automático (por ejemplo, máquinas de vectores de soporte, bosques aleatorios) se aplican a grandes conjuntos de datos para el modelado predictivo.

- **Casos de uso**: Por ejemplo, **el aprendizaje profundo** se utiliza cada vez más para identificar biomarcadores o predecir respuestas a fármacos.

8. Clonación molecular y tecnología de ADN recombinante

8.1. Clonación de vectores y sistemas host

La clonación molecular es una técnica fundamental en biología molecular que se utiliza para replicar y manipular secuencias de ADN en organismos huéspedes. Esta sección se centra en los componentes principales de los sistemas de clonación (vectores y huéspedes) que hacen posible la manipulación génica y la tecnología del ADN recombinante.

8.1.1. ¿Qué son los vectores de clonación?

Los vectores de clonación son moléculas de ADN que transportan material genético extraño a una célula huésped, donde puede replicarse y expresarse.

Características clave de la clonación de vectores:

- **Origen de la replicación (ori):** Garantiza la replicación autónoma.
- **Marcadores seleccionables:** Comúnmente genes de resistencia a antibióticos para identificar transformadores exitosos.
- **Sitios de clonación múltiple (MCS):** Regiones con varios sitios de reconocimiento de enzimas de restricción para facilitar la inserción del ADN.

Tipos comunes de vectores de clonación:

- **Plásmidos:** Moléculas circulares de ADN utilizadas en la clonación bacteriana.
- **Bacteriófagos (por ejemplo, fago λ):** Se utilizan para clonar grandes fragmentos de ADN.

- **Cósmidos:** Vectores híbridos que combinan características de plásmidos y fagos.
- **BACs (Cromosomas Artificiales Bacterianos):** Diseñados para clonar fragmentos de ADN muy grandes (hasta 300 kb).
- **YACs (Cromosomas Artificiales de Levadura):** Se utilizan en sistemas de levadura para clonar fragmentos aún más grandes.

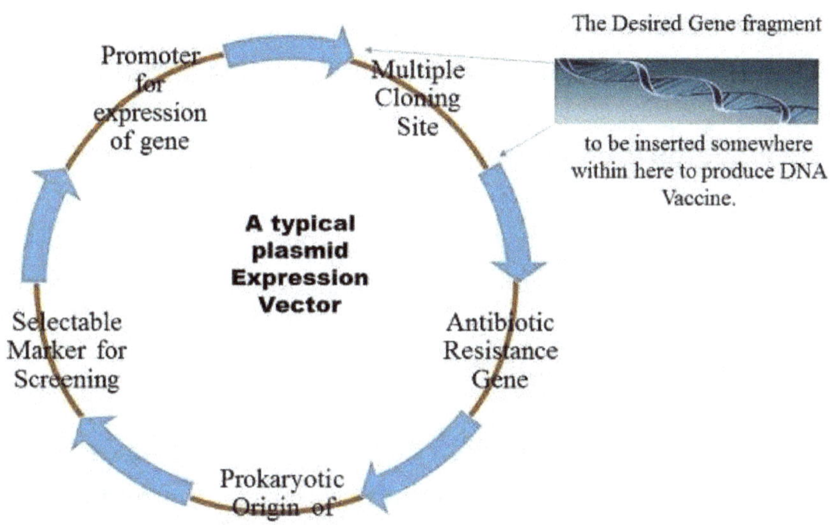

Figura 8.1: Estructura de un vector plásmido típico. Fuente: ResearchGate. Enlace: https://www.researchgate.net/figure/Schematic-diagram-of-a-typical-plasmid-expression-vector_fig1_320347914

8.1.2. Organismos hospedadores en la clonación

La elección del organismo huésped depende del objetivo de la clonación y de la naturaleza del ADN insertado.

Sistemas host comunes:

Huéspedes procariotas (por ejemplo, *Escherichia coli*):

- Tasa de crecimiento rápido

- Alta eficiencia de transformación
- Genética bien caracterizada
- Limitación: Incapacidad para realizar modificaciones postraduccionales complejas

Levadura (por ejemplo, *Saccharomyces cerevisiae*):

- Sistema eucariota con manipulación genética simple
- Capaz de glicosilación y otras modificaciones eucariotas

Células de insectos (por ejemplo, *células Sf9* que utilizan el sistema de baculovirus):

- Para expresar altos rendimientos de proteínas eucariotas complejas

Células de mamíferos (por ejemplo, células HEK293, CHO):

- Adecuado para la producción de proteínas terapéuticas
- Imitar las modificaciones postraduccionales humanas

8.1.3. Selección del sistema vector-host adecuado

La selección depende de:

- Tamaño del ADN a clonar
- Tipo de proteína o producto génico
- Modificaciones postraduccionales deseadas
- Velocidad, coste y rendimiento

Escenarios de ejemplo:

- Clonación de genes pequeños para su expresión en *E. coli*: Utilice vectores plásmidos (p. ej., pUC19).
- Fragmento genómico grande para secuenciación: use BAC o YAC.
- Proteína terapéutica que requiere glicosilación: Utilice el vector de expresión de mamíferos y las células CHO.

8.2. Técnicas de PCR, qPCR y RT-PCR

La reacción en cadena de la polimerasa (PCR) y sus variantes, la PCR cuantitativa (qPCR) y la PCR con transcripción inversa (RT-PCR), son técnicas fundamentales de biología molecular para amplificar y analizar el ADN y el ARN. Estas herramientas son indispensables para el diagnóstico, el análisis de la expresión génica, la clonación y mucho más.

8.2.1. Reacción en cadena de la polimerasa (PCR)

Descripción general de la PCR: La PCR permite la amplificación exponencial de secuencias específicas de ADN mediante ciclos térmicos y ADN polimerasa.

Componentes clave:

- Plantilla de ADN
- Cebadores (hacia adelante y hacia atrás)
- ADN polimerasa (p. ej., polimerasa Taq)
- dNTP (trifosfatos de desoxinucleótidos)
- Tampón y Mg^{2+}

Pasos del ciclo de PCR:

1. **Desnaturalización (94-98 °C):** las hebras de ADN se separan.
2. **Recocido (50-65 °C):** Los cebadores se unen a las secuencias objetivo.
3. **Extensión (72°C):** La polimerasa sintetiza nuevas hebras de ADN.

8.2.2. PCR cuantitativa (qPCR)

qPCR (PCR en tiempo real): la qPCR permite la monitorización en tiempo real de la amplificación del ADN mediante el uso de tintes fluorescentes o sondas.

Tipos de detección:

- **SYBR Green:** Se une al ADN bicatenario de forma no específica.
- **Sondas TaqMan: Específicas** de secuencia, que ofrecen una mayor especificidad.

Aplicaciones:

- Cuantificación de la expresión génica
- Detección de patógenos
- Análisis de SNP

8.2.3. PCR de transcripción inversa (RT-PCR)

Descripción general de la RT-PCR: La RT-PCR convierte el ARN en ADN complementario (ADNc) mediante transcriptasa inversa, seguida de amplificación por PCR.

Pasos:

1. El ARN se extrae y se purifica.
2. La transcripción inversa convierte el ARN en ADNc.
3. La PCR amplifica el ADNc utilizando cebadores específicos.

Casos de uso clave:

- Perfiles de expresión génica
- Detección de ARN viral (p. ej., SARS-CoV-2)
- Análisis de empalme alternativo

8.2.4. Solución de problemas y optimización

Problemas comunes:

- **Bandas inespecíficas:** Formación de dímero-cebador o temperatura de recocido incorrecta.
- **Sin amplificación:** Mala calidad de la plantilla o falta de reactivos.
- **Baja eficiencia en qPCR:** Diseño subóptimo de sonda/cebador.

Estrategias de optimización:

- PCR en gradiente para identificar la temperatura ideal de recocido
- Uso de polimerasas de alta fidelidad para la clonación
- Garantizar la integridad del ARN para la RT-PCR

8.3. Métodos de expresión y purificación de proteínas

La producción y el aislamiento de proteínas es una parte fundamental de la investigación en biología molecular y biotecnología. Esta sección se centra en las estrategias para expresar proteínas recombinantes en varios sistemas y purificarlas para aplicaciones posteriores, como estudios estructurales, desarrollo de fármacos y ensayos enzimáticos.

8.3.1. Sistemas de expresión de proteínas

1. Sistemas procariotas (por ejemplo, *E. coli*):

- **Ventajas:** Crecimiento rápido, económico, fácil manipulación genética.
- **Limitaciones:** Falta de modificaciones postraduccionales (PTMs), posible formación de cuerpos de inclusión.

2. Sistemas eucariotas (por ejemplo, células de levadura, insectos y mamíferos):

- **Ventajas:** Habilite PTM, plegado y secreción adecuados.
- **Limitaciones: Más** complejo y costoso de mantener.

Vectores de expresión:

- Incluyen promotores (p. ej., T7), genes de resistencia a antibióticos, etiquetas de fusión (p. ej., His-tag, GST-tag) y múltiples sitios de clonación.

8.3.2. Inducción y optimización

Expresión inducible:

- **Sistemas Inducibles IPTG: Comunes** en *E. coli* usando el operón lac.
- **Medios de autoinducción:** Permiten la expresión de alto rendimiento

sin inducción manual.

Consejos de optimización:

- Ajuste la temperatura, el tiempo de inducción y la concentración de IPTG.
- Co-expresión con chaperonas para ayudar en el plegamiento adecuado de proteínas.

8.3.3. Técnicas de purificación de proteínas

1. Cromatografía de afinidad:

- Utiliza etiquetas como His_6 (se une a la resina Ni-NTA), GST o FLAG para la unión y elución selectivas.
- Alta especificidad y pureza.

2. Cromatografía de intercambio iónico (IEC):

- Separa las proteínas en función de la carga.
- Se puede utilizar después de la purificación por afinidad para un pulido posterior.

3. Cromatografía de exclusión por tamaño (SEC):

- Separa las proteínas en función del tamaño; También ayuda a eliminar agregados o contaminantes.

4. SDS-PAGE y Western Blotting:

- Se utiliza para verificar la expresión y pureza de las proteínas.

8.3.4. Solubilidad e inclusión Gestión Corporal

Organismos de inclusión:

- Agregados de proteínas insolubles que a menudo se forman en *E. coli*.
- Solubilizado con desnaturalizantes (por ejemplo, urea o guanidina), luego redoblado.

Mejora de la solubilidad:

- Temperatura de expresión más baja
- Uso de etiquetas de fusión (p. ej., MBP, NusA)
- Co-expresión con chaperonas plegables

9. Técnicas avanzadas de microscopía e imagen

9.1. Microscopía de fluorescencia y confocal

La microscopía ha evolucionado desde la simple obtención de imágenes de luz hasta potentes técnicas de resolución molecular. Entre los más utilizados en biología celular y molecular se encuentran la fluorescencia y la microscopía confocal, que permiten la visualización de componentes celulares específicos y procesos dinámicos con alta resolución espacial.

9.1.1. Principios de la microscopía de fluorescencia

La microscopía de fluorescencia se basa en la emisión de luz por un fluoróforo cuando es excitado por una longitud de onda específica. Permite la visualización de moléculas, estructuras o procesos específicos en células vivas o fijas.

Componentes clave:

- **Fuente de luz:** Lámpara de alta intensidad o láseres.
- **Filtros de excitación/emisión:** Seleccione longitudes de onda específicas.
- **Fluoróforos:** Colorantes o proteínas como GFP, DAPI, FITC, Alexa Fluor.

Aplicaciones:

- Visualización de ADN (por ejemplo, con DAPI), filamentos de actina, orgánulos, localización de proteínas.
- Imágenes time-lapse para estudios dinámicos.

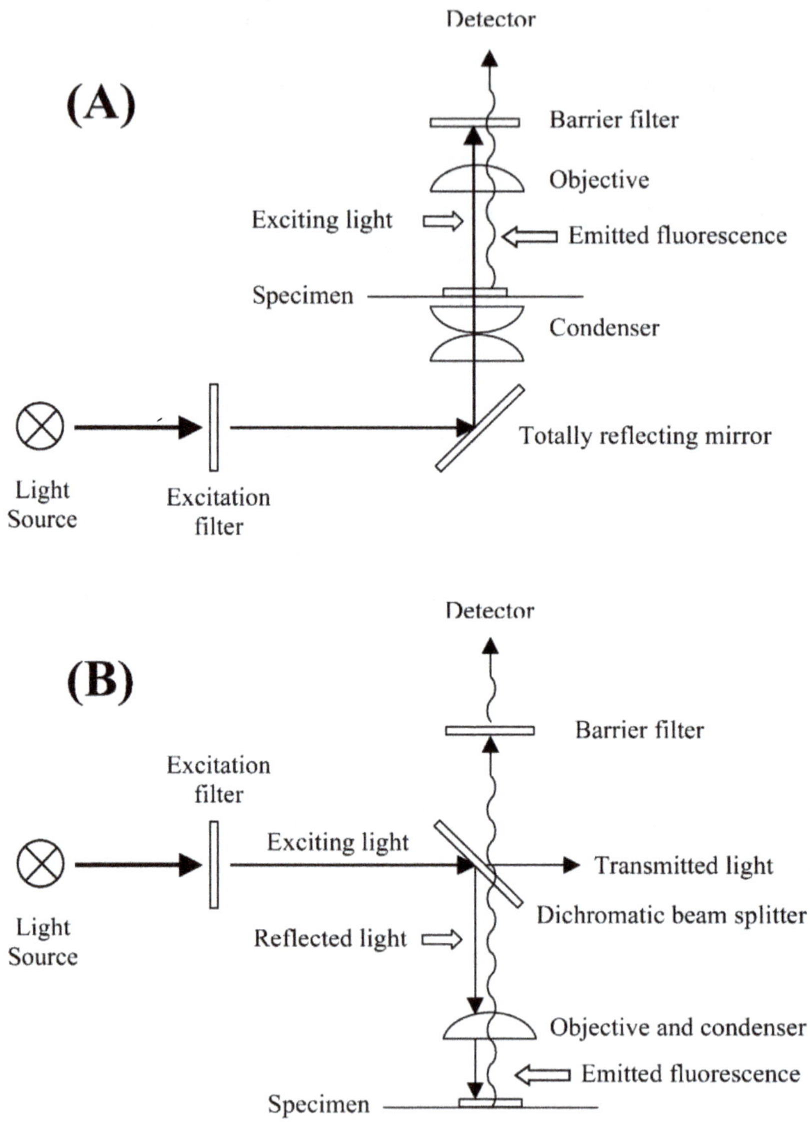

Figure 9.1: Schematic of a basic fluorescence microscope, showing excitation and emission pathways. Source: ResearchGate. Link: https://www.researchgate.net/figure/Light-paths-of-A-a-transmitted-light-fluorescence-microscope-and-B-an-incident-light_fig2_226662069

9.1.2. Microscopía de barrido láser confocal (CLSM)

La microscopía confocal mejora la resolución y el contraste al eliminar la luz desenfocada mediante un agujero de alfiler. Permite **el corte óptico**, lo que produce reconstrucciones nítidas en 3D de las muestras.

Ventajas:

- Mayor resolución y contraste que la fluorescencia de campo amplio.
- Selectividad de profundidad para probetas gruesas.
- Adecuado para la obtención de imágenes de células vivas y secciones de tejido fijo.

Mecanismo:

- Utiliza iluminación puntual a través de escaneo láser.
- La luz emitida pasa a través de un orificio hasta el detector.

9.1.3. Marcaje de proteínas fluorescentes

Las proteínas fluorescentes codificadas genéticamente como GFP, YFP, RFP permiten la visualización de la expresión génica y la localización de proteínas en tiempo real.

Estrategias:

- Fusionar el gen diana con un gen de proteína fluorescente.
- Se expresa en las células a través de plásmidos o vectores virales.

Usos:

- Realice un seguimiento del movimiento y las interacciones de las proteínas.
- Estudia la dinámica de los orgánulos y los eventos de señalización.

9.1.4. Imágenes multiplexadas y colocalización

- **Multiplexación:** Uso de múltiples fluoróforos para visualizar diferentes objetivos simultáneamente.
- **Análisis de colocalización:** determine si dos moléculas residen en la misma región de una célula, lo que es fundamental para estudiar las interacciones.

9.2. Imágenes de superresolución

Las técnicas de microscopía de superresolución rompen el límite tradicional de difracción de la luz (~200 nm), lo que permite a los investigadores visualizar estructuras celulares a escala nanométrica. Estos métodos han revolucionado nuestra comprensión de la organización subcelular, los complejos de proteínas y las interacciones moleculares a nanoescala.

9.2.1. El límite de difracción y su superación

De acuerdo con la ley de Abbe, la microscopía óptica convencional tiene una resolución limitada por la longitud de onda de la luz. Las imágenes de superresolución evitan esto mediante técnicas computacionales, ópticas o estocásticas.

Técnicas utilizadas para superar el límite:

- Iluminación estructurada
- Separación temporal de la emisión de fotones
- Reconstrucción computacional de imágenes

9.2.2. Microscopía STED (agotamiento de emisiones estimuladas)

STED utiliza un láser de agotamiento para apagar los fluoróforos en la periferia del punto de excitación, lo que reduce efectivamente la función de dispersión del punto.

Características principales:

- Alta resolución espacial (~20–50 nm).
- Posibilidad de obtención de imágenes en tiempo real en células vivas.
- Ideal para el estudio de grupos de proteínas y vesículas sinápticas.

9.2.3. PALM y STORM (localización de una sola molécula)

PALM (microscopía de localización fotoactivada) y **STORM** (microscopía de reconstrucción óptica estocástica) se basan en la activación temporal de subconjuntos dispersos de fluoróforos y en la localización de su centro con alta precisión.

Ventajas:

- Resolución: ~10–30 nm.
- Excelente para el estudio de complejos de proteínas y nanodominios de membrana.

Aplicaciones:

- Mapeo de poros nucleares, filamentos del citoesqueleto, agrupamiento de receptores.

9.2.4. SIM (Microscopía de Iluminación Estructurada)

SIM ilumina la muestra con un patrón en forma de cuadrícula y desplaza el patrón a través de la muestra. Las imágenes resultantes se reconstruyen matemáticamente para obtener una composición de mayor resolución.

Resúmenes:

- Duplica la resolución (~100 nm).
- Adecuado para la obtención de imágenes de células vivas con baja fototoxicidad.
- Compatible con fluoróforos estándar.

9.2.5. Aplicaciones y consideraciones

- **Aplicaciones:** Estructura sináptica, arquitectura nuclear, organización de la cromatina, dinámica del citoesqueleto.
- **Limitaciones:** Fotoblanqueo, complejidad de la configuración, carga computacional.
- **Mejores casos de uso:** Cuando se estudian estructuras a escala nanométrica donde la fluorescencia convencional carece de resolución.

9.3. Adquisición de imágenes de células vivas y análisis de células individuales

Las imágenes de células vivas y el análisis de células individuales han transformado la forma en que estudiamos los procesos biológicos dinámicos en tiempo real y con una resolución sin precedentes. Estas técnicas permiten a los investigadores observar las células individuales a medida que interactúan, se dividen, se diferencian y responden a las señales ambientales, lo que proporciona información que los análisis a nivel poblacional no pueden capturar.

9.3.1. Principios de la obtención de imágenes de células vivas

Las imágenes de células vivas implican el seguimiento de moléculas o estructuras marcadas con fluorescencia en células vivas a lo largo del tiempo utilizando microscopios especializados.

Características principales:

- Microscopía time-lapse con fototoxicidad mínima.
- Control ambiental (temperatura, CO_2, humedad).
- Visualización en tiempo real de procesos dinámicos.

9.3.2. Reporteros fluorescentes y biosensores

Las imágenes de células vivas utilizan varias herramientas fluorescentes para visualizar la actividad biológica.

Tipos de reporteros:

- Proteínas marcadas con GFP

- Indicadores de calcio (p. ej., GCaMP)
- Biosensores FRET para interacciones proteína-proteína

Ventajas:

- Alta especificidad y resolución espacio-temporal.
- Adecuado para imágenes multiplex.

9.3.3. Aplicaciones en dinámica celular y comportamiento de orgánulos

Lo que revela:

- Tráfico de orgánulos (mitocondrias, endosomas)
- Remodelación del citoesqueleto
- Mitosis y citocinesis
- Entrada viral o respuesta a fármacos en tiempo real

Casos de uso:

- Motilidad de las células cancerosas
- Desarrollo de neuronas
- Señalización de células inmunitarias

9.3.4. Técnicas de análisis de células individuales

El análisis de una sola célula descubre la heterogeneidad dentro de una población celular mediante el análisis de datos genómicos, transcriptómicos, proteómicos o metabolómicos de células individuales.

Técnicas clave:

- Secuenciación de ARN de una sola célula (scRNA-seq)
- ATAC-seq de una sola célula
- Citometría de masas (CyTOF)

Aplicaciones:

- Identificación de tipos de células raras
- Seguimiento de los linajes de desarrollo
- Disección de microambientes tumorales

9.3.5. Integración de imágenes en vivo con ómicas de una sola célula

La combinación de imágenes de células vivas con la secuenciación posterior de una sola célula vincula el fenotipo con el perfil molecular.

Tendencias emergentes:

- Clasificación celular basada en imágenes seguida de análisis ómico
- Uso de técnicas de códigos de barras para rastrear células con imágenes vivas

Impacto:

- Conocimiento profundo de las relaciones causa-efecto en el comportamiento de las células.
- Mayor comprensión de la heterogeneidad celular y las transiciones.

Parte IV: Fronteras y Aplicaciones en la Ciencia Celular

10. Biología de células madre y medicina regenerativa

10.1. Pluripotencia y diferenciación

Comprender la pluripotencia, la capacidad de una célula para convertirse en cualquier tipo de célula en el cuerpo, es fundamental para la biología de las células madre y la medicina regenerativa. El proceso estrictamente regulado por el cual las células madre se diferencian en células especializadas sustenta tanto el desarrollo normal como las intervenciones terapéuticas.

10.1.1. Definición y tipos de células madre

Las células madre se clasifican en función de su potencia y fuente:

- **Totipotente** : puede formar todos los tejidos embrionarios y extraembrionarios (por ejemplo, cigoto).
- **Pluripotente** : puede diferenciarse en células de las tres capas germinales (por ejemplo, células madre embrionarias).
- **Multipotente** : restringido a un linaje particular (por ejemplo, células madre hematopoyéticas).
- **Células madre pluripotentes inducidas (iPSC):** células somáticas reprogramadas a un estado pluripotente a través de factores de transcripción (por ejemplo, Oct4, Sox2, Klf4, c-Myc).

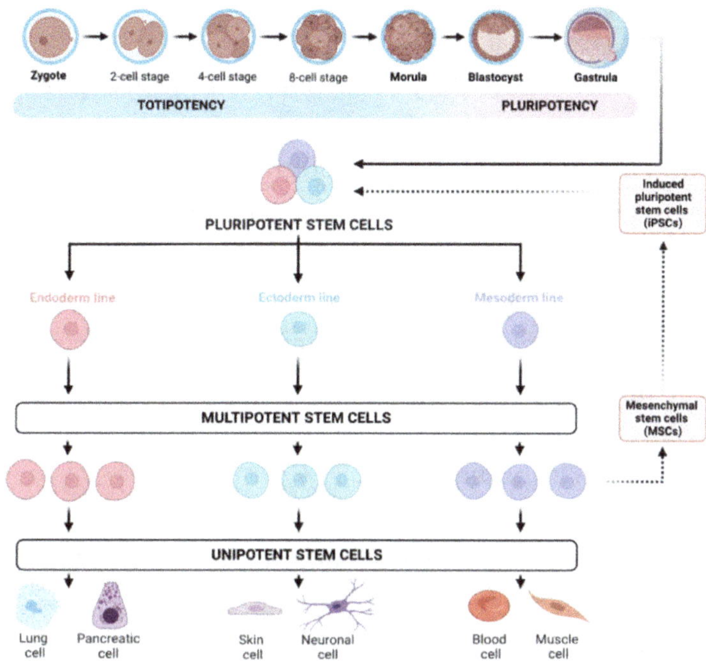

Figura 10.1: Visión general del potencial de diferenciación de las células madre, desde estados totipotentes hasta unipotentes. Fuente: ResearchGate. Enlace: https://www.researchgate.net/figure/Levels-of-stem-cell-differentiation-potential-Totipotent-stem-cells-possess-the-highest_fig1_373097134

10.1.2. Bases moleculares de la pluripotencia

La pluripotencia se mantiene a través de una red de factores de transcripción y reguladores epigenéticos:

- **Factores centrales:** Oct4, Nanog, Sox2
- **Vías de señalización:** Wnt, FGF, TGF-β
- **Características epigenéticas:** cromatina abierta, marcas de histonas bivalentes, baja metilación del ADN

Estos elementos trabajan juntos para suprimir la diferenciación mientras mantienen el genoma preparado para la expresión génica específica del linaje.

10.1.3. Diferenciación celular y formación de capas germinales

La diferenciación comienza cuando las células madre pluripotentes se comprometen con una de las tres capas germinales:

- **Ectodermo:** Sistema nervioso, piel
- **Mesodermo:** Músculo, hueso, sangre
- **Endodermo:** Intestino, hígado, páncreas

Este compromiso está impulsado por:

- Señales externas (factores de crecimiento, morfógenos)
- Señales internas (factores de transcripción específicos del linaje)
- Cambios epigenéticos graduales

10.1.4. Reprogramación de células somáticas a iPSC

El descubrimiento de las células madre pluripotentes inducidas (iPSC) revolucionó la biología de las células madre al demostrar que las células adultas pueden reprogramarse a la pluripotencia.

Conceptos clave:

- **Factores de reprogramación:** Oct4, Sox2, Klf4, c-Myc (factores de Yamanaka)
- **Técnicas:** Vectores virales, métodos no integradores (p. ej., ARNm, vectores episomales)
- **Aplicaciones:** Modelado de enfermedades, medicina personalizada, cribado de fármacos

10.1.5. Consideraciones éticas y regulatorias

El uso de células madre embrionarias plantea preocupaciones éticas debido a la destrucción de embriones, mientras que las iPSC ofrecen una alternativa menos controvertida. Sin embargo, ambos aún requieren una estricta supervisión regulatoria para:

- Estabilidad genética
- Tumorigenicidad
- Consentimiento informado y derechos de los donantes

10.2. Células madre pluripotentes inducidas (iPSC)

Las células madre pluripotentes inducidas (iPSC) han transformado la medicina regenerativa al permitir la reprogramación de células somáticas adultas en un estado pluripotente. Las iPSC comparten propiedades clave con las células madre embrionarias, incluida la autorrenovación y la capacidad de diferenciarse en cualquier tipo de célula del cuerpo. Su descubrimiento abrió nuevas vías para la medicina personalizada, el modelado de enfermedades y las terapias basadas en células sin los problemas éticos vinculados a las fuentes embrionarias.

10.2.1. Descubrimiento y desarrollo de iPSCs

Las iPSC fueron creadas por primera vez en 2006 por Shinya Yamanaka mediante la introducción de cuatro factores de transcripción (**Oct4, Sox2, Klf4 y c-Myc**) en fibroblastos de ratón. Este hito demostró que las células maduras pueden ser reprogramadas epigenéticamente en un estado pluripotente.

Hitos clave:

- 2006: Generación de iPSCs de ratón
- 2007: Desarrollo de las iPSC humanas
- Los avances posteriores condujeron a métodos de reprogramación no integrativos, mejorando la seguridad clínica

10.2.2. Métodos de reprogramación

Los métodos utilizados para convertir las células somáticas en iPSC se pueden dividir en técnicas integradoras y no integradoras:

- **Métodos de integración: Uso** de retrovirus o lentivirus para administrar genes de reprogramación; alta eficiencia pero riesgo de inserción genómica
- **Métodos no integrantes:** Incluyen virus de Sendai, plásmidos episomales, transfección de ARNm y moléculas pequeñas; más seguros para aplicaciones clínicas.

10.2.3. Caracterización y validación de iPSCs

Para confirmar el éxito de la reprogramación, las iPSC se caracterizan por:

- **Evaluación morfológica**
- **Expresión de marcadores de pluripotencia** (p. ej., Nanog, TRA-1-60, SSEA-4)
- **Ensayo de formación de teratomas** (prueba de pluripotencia in vivo)
- **Formación de cuerpos embrioides y diferenciación in vitro**

10.2.4. Aplicaciones de las iPSC

Las iPSC tienen amplias aplicaciones en investigación y terapia:

- **Modelado de enfermedades:** Las iPSC específicas del paciente se utilizan para estudiar trastornos genéticos (p. ej., ELA, Parkinson)
- **Cribado de fármacos:** plataformas para probar la toxicidad y eficacia en células humanas
- **Medicina regenerativa:** se utiliza para generar cardiomiocitos, neuronas o células de la retina para la terapia
- **Terapia celular personalizada:** el trasplante autólogo reduce el rechazo inmunitario

10.2.5. Limitaciones y desafíos

A pesar de su promesa, las iPSC presentan varios desafíos:

- **Inestabilidad genómica** y potencial de tumorigénesis
- **Reprogramación incompleta** y memoria epigenética
- **Baja eficiencia** y alto costo en algunos protocolos de reprogramación
- **Estandarización** y **obstáculos regulatorios** en aplicaciones clínicas

10.3. Aplicaciones en ingeniería de tejidos

La ingeniería de tejidos integra principios de biología, ciencia de materiales e ingeniería para restaurar, mantener o mejorar la función de tejidos y órganos. Con el advenimiento de las tecnologías de células madre, en particular las iPSC, los investigadores ahora pueden crear tejidos complejos in vitro para trasplantes, detección de fármacos y modelado de enfermedades. La fusión de la biología celular con los biomateriales y la bioimpresión ha acelerado los avances en la medicina regenerativa y el reemplazo de órganos.

10.3.1. Componentes básicos de la ingeniería de tejidos

La ingeniería de tejidos se basa en tres componentes principales:

- **Andamios:** Estructuras biocompatibles que proporcionan un marco 3D para la unión celular y la formación de tejidos.
- **Células:** Por lo general, células madre o células progenitoras que pueden diferenciarse en tipos de tejido diana
- **Factores de Crecimiento: Señales** bioquímicas que guían la diferenciación celular, la proliferación y el desarrollo de tejidos.

10.3.2. Células madre en ingeniería de tejidos

Las iPSC y otras células madre pluripotentes ofrecen una fuente ilimitada de células específicas del paciente para crear injertos de tejido personalizados. Las células madre mesenquimales (MSC) también se utilizan ampliamente debido a sus propiedades inmunomoduladoras y su facilidad de aislamiento.

Aplicaciones:

- Regeneración de la piel mediante láminas derivadas de queratinocitos
- Reparación de cartílagos y huesos con hidrogeles cargados de MSC
- Parches miocárdicos derivados de cardiomiocitos iPSC

10.3.3. Biomateriales y diseño de andamios

Los andamios deben imitar la matriz extracelular (MEC) para apoyar el comportamiento celular y la estabilidad mecánica. Los materiales comunes incluyen:

- **Polímeros naturales:** Colágeno, fibrina, alginato
- **Polímeros sintéticos:** PLA, PLGA, PEG
- **Materiales híbridos:** combinan la resistencia sintética con la funcionalidad biológica

Los diseños avanzados de andamios incorporan **nanofibras**, **hidrogeles** y **recubrimientos bioactivos** para mejorar la respuesta y la integración celular.

10.3.4. Bioimpresión y fabricación de órganos

La bioimpresión 3D permite la construcción capa por capa de tejidos utilizando biotintas que contienen células vivas y biomateriales. Esta tecnología es fundamental en la construcción de tejidos vascularizados y estructuras de órganos complejos.

Avances clave:

- Injertos de piel bioimpresos para víctimas de quemaduras
- Parches cardíacos vascularizados
- Modelos funcionales de tejido hepático

10.3.5. Aplicaciones y desafíos clínicos

La ingeniería de tejidos ha entrado en la práctica clínica en ciertas áreas, como los sustitutos de la piel y la reconstrucción de la vejiga. Sin embargo, persisten desafíos que incluyen:

- **Vascularización** de tejidos gruesos
- **Compatibilidad inmune** en injertos alogénicos
- **Integración y función** a largo plazo
- **Aprobación regulatoria** y escalado de fabricación

11. Biología de células cancerosas y oncología molecular

11.1. Características distintivas del cáncer

Comprender el cáncer a nivel molecular requiere un marco que integre las diversas capacidades biológicas adquiridas durante el desarrollo tumoral. El concepto de "características distintivas del cáncer", introducido por primera vez por Hanahan y Weinberg (2000, actualizado en 2011), describe los rasgos fundamentales que permiten que las células cancerosas prosperen, resistan la regulación y hagan metástasis. Este marco ha revolucionado la oncología molecular al guiar la investigación sobre los mecanismos del cáncer y las terapias dirigidas.

11.1.1. Los seis sellos originales

Las señas de identidad fundamentales incluyen:

- **Sostenimiento de la señalización proliferativa**: las células cancerosas producen o responden excesivamente a las señales de crecimiento.
- **Evasión de los supresores del crecimiento**: los tumores desactivan las vías supresoras de tumores (por ejemplo, p53, Rb).
- **Resistir a la muerte celular**: Se eluden mecanismos como la apoptosis.
- **Permitiendo la inmortalidad replicativa**: La activación de la telomerasa permite una división celular ilimitada.
- **Inducción de angiogénesis**: Los tumores estimulan nuevos vasos sanguíneos para el suministro de nutrientes.
- **Activación de la invasión y la metástasis**: Las células adquieren motilidad y degradan la MEC para propagarse.

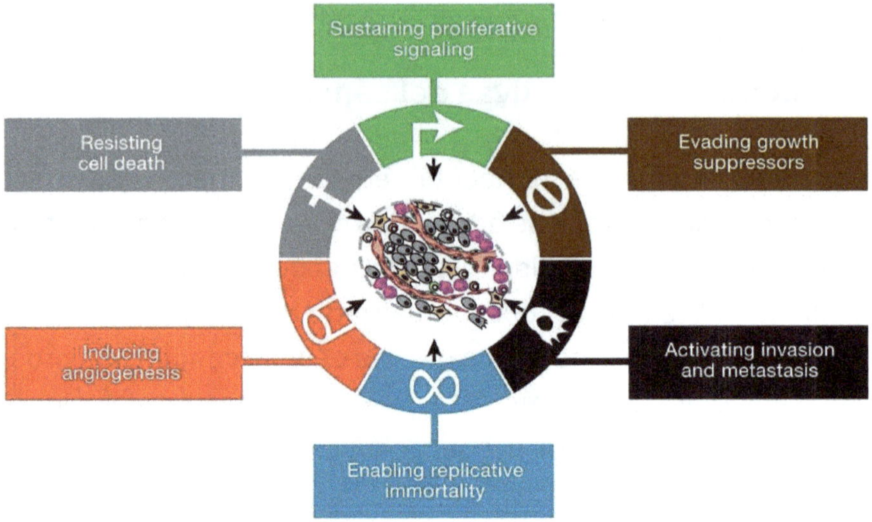

Figura 11.1: Las seis capacidades clave que definen la transformación de las células normales en malignas. Fuente: Célula. Enlace: https://www.cell.com/cell/fulltext/S0092-8674(11)00127-9?cc=y

11.1.2. Señas de identidad emergentes y características habilitantes

En su actualización de 2011, Hanahan y Weinberg introdujeron **señas de identidad emergentes** y **características habilitantes**:

Señas de identidad emergentes:

- **Reprogramación del metabolismo energético**: Las células cancerosas pasan a la glucólisis aeróbica (efecto Warburg).
- **Evitar la destrucción inmunitaria**: Los tumores desarrollan mecanismos para evadir la vigilancia inmunitaria.

Características habilitantes:

- **Inestabilidad y mutación del genoma**: Aumenta las tasas de mutación e impulsa la evolución.
- **Inflamación promotora de tumores**: La inflamación crónica respalda todas las características distintivas.

11.1.3. Mecanismos moleculares que subyacen a los sellos distintivos

Cada sello distintivo está respaldado por alteraciones genéticas y epigenéticas, tales como:

- **Activación de oncogenes** (p. ej., RAS, MYC)
- **Inactivación de supresores tumorales** (por ejemplo, TP53, BRCA1)
- **Silenciamiento epigenético** de genes de reparación del ADN o apoptóticos
- **ARN no codificante** (por ejemplo, miARN) que influyen en la expresión génica
- **Vías de señalización aberrantes**, incluidas PI3K-AKT, MAPK y WNT

11.1.4. Relevancia clínica y focalización terapéutica

Comprender las características distintivas proporciona una hoja de ruta para el desarrollo **de terapias dirigidas** y **oncología de precisión**. Algunos ejemplos son:

- **Inhibidores de EGFR** para la señalización proliferativa (por ejemplo, gefitinib)
- **Inhibidores de puntos de control inmunitario** para la evasión inmunitaria (por ejemplo, bloqueadores de PD-1/PD-L1)
- **Inhibidores de PARP** para tumores con reparación defectuosa del ADN (por ejemplo, cánceres con mutaciones en BRCA)

11.2. Microambiente tumoral y metástasis

El cáncer no se desarrolla de forma aislada. El **microambiente tumoral (TME),** compuesto por células no cancerosas, matriz extracelular (MEC) y moléculas de señalización, desempeña un papel crucial en la promoción de la progresión tumoral y la metástasis. Comprender las interacciones dentro de la EMT y cómo influyen en la metástasis es vital para desarrollar terapias efectivas.

11.2.1. Componentes del microambiente tumoral

El TME incluye una red dinámica de:

- **Fibroblastos asociados al cáncer (CAF):** promueven la remodelación de la MEC y el crecimiento tumoral
- **Células inmunitarias** : incluye macrófagos asociados a tumores (TAM), células T reguladoras (Tregs) y células asesinas naturales (NK)
- **Células endoteliales** : impulsan la angiogénesis para apoyar la vascularización tumoral
- **Matriz extracelular (ECM):** proporciona soporte estructural y regula el comportamiento celular
- **Moléculas de señalización** : citocinas, quimiocinas y factores de crecimiento (por ejemplo, TGF-β, VEGF)

11.2.2. Interacciones tumor-estroma e inflamación

- Las células cancerosas interactúan con las células estromales a través de **la señalización paracrina**, lo que mejora la supervivencia y la invasión.
- **La inflamación crónica** en el TME promueve la angiogénesis, el daño al ADN y la evasión inmunitaria.
- **Las TAM y las células supresoras derivadas de mieloides (MDSC, por sus siglas en inglés)** liberan citocinas (por ejemplo, IL-6, IL-10) que suprimen las respuestas inmunitarias citotóxicas.

11.2.3. Angiogénesis y remodelación vascular

- Los tumores secretan factor de **crecimiento endotelial vascular (VEGF, por sus siglas** en inglés) para estimular la formación de nuevos vasos sanguíneos.
- La **neovasculatura** suele ser permeable e irregular, lo que facilita la intravasación de las células tumorales en el torrente sanguíneo.
- Las terapias antiangiogénicas (por ejemplo, bevacizumab) tienen como objetivo interrumpir este proceso.

11.2.4. Cascada metastásica

El proceso metastásico incluye:

- **Invasión local** : las células tumorales degradan la MEC utilizando enzimas como las **metaloproteinasas de la matriz (MMP)**
- **Intravasación** : entrada de células cancerosas en los vasos sanguíneos o linfáticos
- **Supervivencia circulatoria** : las células tumorales evaden el ataque inmunitario y resisten el estrés de cizallamiento
- **Extravasación** : salida del torrente sanguíneo a tejidos distantes
- **Colonización** : crecimiento en un nuevo microambiente, formando tumores secundarios

11.2.5. Formación de nichos premetastásicos

- Los tumores pueden "preparar" sitios distantes a través **de exosomas** y **factores secretados** que condicionan los ambientes locales.
- Las células derivadas de la médula ósea se reclutan para apoyar la formación de un **nicho premetastásico**.

11.2.6. Implicaciones clínicas y orientación terapéutica

El tratamiento de la EMT y la metástasis incluye:

- **Inhibidores de puntos de control** para reactivar la vigilancia inmunitaria
- **Fármacos antiangiogénicos** para inhibir el soporte vascular
- **Inhibidores de TGF-β y CXCR4** para interrumpir la comunicación tumor-estroma
- **Inhibidores de MMP** para bloquear la degradación de la MEC

Estas estrategias tienen como objetivo **perjudicar el papel de apoyo de la EMT** y prevenir la diseminación metastásica.

11.3. Terapias dirigidas y mecanismos de farmacorresistencia

Los avances en oncología molecular han revolucionado el tratamiento del cáncer a través del desarrollo de terapias **dirigidas**. Estos tratamientos atacan selectivamente los impulsores moleculares del cáncer con mayor precisión y menos efectos secundarios en comparación con la quimioterapia convencional. Sin embargo, un desafío importante es el desarrollo de resistencia a los **medicamentos**, que puede hacer que las terapias sean ineficaces con el tiempo.

11.3.1. Principios de la terapia dirigida contra el cáncer

Las terapias dirigidas están diseñadas para interferir con vías moleculares específicas que:

- Impulsar la proliferación y supervivencia de las células cancerosas (por ejemplo, EGFR, HER2, BCR-ABL)

- Promover la angiogénesis (p. ej., VEGF)
- Evadir la apoptosis (p. ej., BCL-2)

Los tipos comunes incluyen:

- **Inhibidores de moléculas pequeñas** (por ejemplo, inhibidores de la tirosina cinasa)
- **Anticuerpos monoclonales** (por ejemplo, trastuzumab, cetuximab)
- **Conjugados anticuerpo-fármaco (ADC)**

11.3.2. Segmentación de EGFR, HER2 y BCR-ABL

- **Inhibidores de EGFR**: gefitinib, erlotinib para el CPCNP
- **Inhibidores de HER2**: Trastuzumab para el cáncer de mama HER2+
- **Inhibidores de BCR-ABL**: imatinib (Gleevec) para la leucemia mieloide crónica

Estas terapias interrumpen las señales oncogénicas clave, lo que provoca la muerte de las células cancerosas o la detención del crecimiento.

11.3.3. Mecanismos de resistencia a los medicamentos

Las células cancerosas desarrollan resistencia a través de:

- **Mutaciones secundarias** (p. ej., T790M en EGFR)
- **Amplificación de genes** (por ejemplo, amplificación de MET)
- **Activación de vías alternativas** (p. ej., señalización de derivación)
- **Plasticidad fenotípica** : transición a células persistentes tolerantes a fármacos
- **Regulación positiva del bombeo de eflujo** : aumento del flujo de fármaco por parte de los transportadores ABC

11.3.4. Superar la resistencia: terapias combinadas y adaptativas

Las estrategias incluyen:

- **Terapia combinada**: Dirigirse a múltiples vías simultáneamente para prevenir la activación compensatoria.
- **Terapia secuencial**: Alteración del tratamiento en función de la evolución del tumor y el perfil de resistencia.
- **Terapia adaptativa**: modulación de la dosificación de fármacos para mantener una población de células sensibles y retrasar la resistencia.
- **Inhibidores de segunda y tercera generación**: diseñados para superar mutaciones de resistencia específicas (p. ej., osimertinib para EGFR T790M).

11.3.5. Medicina personalizada y terapias basadas en biomarcadores

- **La secuenciación de nueva generación (NGS)** permite la detección de mutaciones accionables para una selección precisa de fármacos.
- **Las pruebas diagnósticas complementarias** son pruebas que se utilizan para identificar a los pacientes que probablemente respondan a tratamientos específicos.
- El perfil molecular conduce a **planes de terapia individualizados** con eficacia optimizada y toxicidad minimizada.

12. Biología Sintética e Ingeniería Celular

12.1. Diseño de circuitos genéticos

La biología sintética fusiona los principios de la biología y la ingeniería para diseñar y construir nuevas piezas, dispositivos y sistemas biológicos. Un componente central de este campo es el **diseño de circuitos genéticos**, redes de secuencias de ADN que controlan la expresión génica, a menudo imitando circuitos electrónicos en su lógica y comportamiento.

12.1.1. Introducción a los circuitos genéticos

Los circuitos genéticos son ensamblajes de **promotores**, **genes reguladores**, **represores** y **activadores** que pueden producir salidas predecibles en respuesta a entradas específicas. Estos circuitos están diseñados para realizar funciones lógicas como:

- Interruptores de alternancia (comportamiento ON/OFF)
- Osciladores (expresión génica periódica)
- Puertas lógicas (Y, O, NO)

Se pueden utilizar para aplicaciones como la biodetección, el control metabólico y la terapéutica programable.

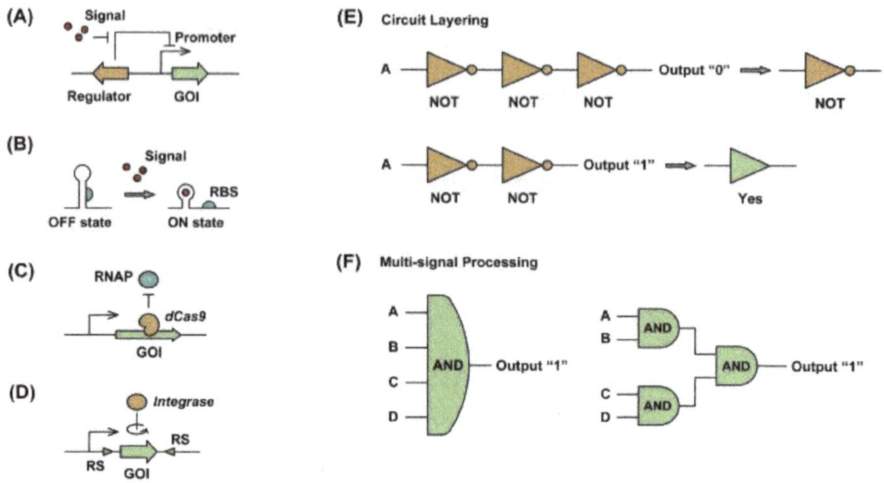

Figura 12.1: Ejemplos de diseños de circuitos genéticos fundamentales utilizados en biología sintética. Fuente: ScienceDirect. Enlace: https://www.sciencedirect.com/science/article/abs/pii/S0734975019300746

12.1.2. Componentes de un circuito genético

- **Promotores**: Inician la transcripción, pueden ser constitutivos o inducibles.
- **Sitios de unión a ribosomas (RBS):** controlan el inicio de la traducción.
- **Secuencias codificantes (CDS):** Codifican proteínas funcionales como enzimas o reporteros fluorescentes.
- **Elementos Reguladores**: Represores transcripcionales, activadores, bucles de retroalimentación.
- **Terminators**: Señal de fin de transcripción.

Estos componentes suelen ser modulares y estandarizados mediante sistemas como BioBrick o la clonación Golden Gate.

12.1.3. Enfoques de diseño y modelado

Los circuitos sintéticos se diseñan utilizando herramientas computacionales para simular la dinámica de la expresión génica y predecir el comportamiento. Las plataformas de modelado más populares incluyen:

- **MATLAB SimBiology**
- **iBioSim**
- **CellDesigner (Diseñador de celdas)**

Los parámetros clave incluyen la fuerza del promotor, las tasas de degradación y la fuerza de retroalimentación.

12.1.4. Aplicaciones en biodetección y terapéutica

- **Biosensores**: Circuitos genéticos que detectan señales ambientales (por ejemplo, toxinas, patógenos) y generan resultados medibles.
- **Circuitos terapéuticos**: células T modificadas con circuitos que reconocen antígenos tumorales y controlan la liberación de citocinas.
- **Ingeniería metabólica**: Los circuitos regulan las vías metabólicas para la producción eficiente de productos farmacéuticos y biocombustibles.

12.2. Biosensores y computación biológica

La biología sintética permite la creación de sistemas biológicos inteligentes capaces de detectar, procesar y responder a sus entornos. Dos poderosas aplicaciones de este enfoque son **los biosensores**, células o biomoléculas que detectan señales específicas, y **la computación biológica**, que utiliza células para realizar operaciones lógicas similares a los circuitos electrónicos.

12.2.1. Biosensores: descripción general y diseño

Los biosensores son sistemas biológicos diseñados para convertir la presencia de una molécula objetivo (por ejemplo, una toxina, un patógeno, un metabolito) en una salida medible, como la fluorescencia o la señal eléctrica.

Los componentes clave incluyen:

- **Detector de entrada** (p. ej., receptor o aptámero)
- **Transductor de señal** (p. ej., proteína reguladora o interruptor de ARN)
- **Indicador de salida** (p. ej., GFP, luciferasa, cambio de color)

Las aplicaciones abarcan el monitoreo ambiental, el diagnóstico de enfermedades, la seguridad alimentaria y la medicina personalizada.

12.2.2. Biosensores basados en células y sin células

Biosensores basados en células: utilice células completas diseñadas (por ejemplo, *E. coli*, levadura) para detectar y responder a los objetivos.

- Útil para detectar antibióticos, metales pesados o niveles de glucosa.

Biosensores libres de células: Confíen en sistemas de transcripción-traducción in vitro (por ejemplo, sensores basados en papel) sin células vivas.

- Proporcionar mayor seguridad y portabilidad.

12.2.3. Puertas lógicas en computación biológica

Las puertas lógicas biológicas utilizan moléculas (ADN, ARN o proteínas) para imitar la computación digital en células vivas.

Tipos de puertas lógicas biológicas:

- **Puerta AND**: La salida se produce solo cuando ambas entradas están presentes.
- **Puerta OR**: La salida se produce si hay al menos una entrada presente.
- **Puerta NOT**: Invierte la señal, no hay salida cuando la entrada está presente.

Las aplicaciones incluyen:

- Terapia oncológica programable
- Diagnóstico inteligente
- Plataformas de computación molecular

12.2.4. Aplicaciones del mundo real

- **Biodetección ambiental**: Detecte contaminantes como el arsénico en las aguas subterráneas mediante sensores bacterianos.
- **Diagnóstico portátil**: Biosensores basados en papel integrados en tejidos para detectar biomarcadores en el sudor.
- **Terapias inteligentes**: probióticos diseñados que detectan biomarcadores de enfermedades y liberan agentes terapéuticos.

12.3. Aplicaciones futuras en medicina e industria

La biología sintética sigue desbloqueando soluciones novedosas en diversos sectores. Su integración en la medicina y la industria está remodelando la forma en que abordamos el diagnóstico, la terapéutica, la biofabricación y la sostenibilidad ambiental. Esta sección destaca el potencial futuro de la biología sintética y la ingeniería celular para revolucionar las aplicaciones del mundo real.

12.3.1. Medicina de precisión y terapias inteligentes

Las células modificadas y los circuitos genéticos se están diseñando para realizar **funciones terapéuticas inteligentes**, como la detección de estados de enfermedad y la liberación de tratamientos solo cuando sea necesario.

- **Células T programables** para inmunoterapia personalizada (p. ej., terapia CAR-T)
- **Circuitos genéticos** que activan fármacos en función de señales ambientales (por ejemplo, inflamación, hipoxia)
- **Probióticos dirigidos a los tumores** diseñados para administrar agentes que matan el cáncer directamente en los tumores

12.3.2. Biofabricación industrial

La biología sintética permite **la producción de** materiales valiosos de base biológica, sustituyendo la síntesis química por procesos más sostenibles.

- **Biocombustibles**: Algas y microbios modificados genéticamente que producen etanol, butanol o biodiésel
- **Bioplásticos**: Producción microbiana de polímeros biodegradables (por ejemplo, PHA)

- **Compuestos de alto valor**: Síntesis de fragancias, sabores, vitaminas y productos farmacéuticos

12.3.3. Sostenibilidad ambiental y biorremediación

Las aplicaciones futuras incluyen **soluciones ecológicas** a los desafíos ambientales utilizando sistemas biológicos de ingeniería.

- **Captura de carbono**: cianobacterias diseñadas para mejorar la fijación de CO_2
- **Degradación de plásticos**: Bacterias diseñadas para degradar PET y otros plásticos
- **Sensores de contaminación**: Biosensores basados en células para detectar y neutralizar metales pesados o derrames de petróleo

12.3.4. Innovación agrícola y alimentaria

La biología sintética también promete impactos transformadores en los sistemas alimentarios.

- **Cereales fijadores de nitrógeno**: ingeniería de no leguminosas para fijar el nitrógeno atmosférico, reduciendo la dependencia de los fertilizantes
- **Carne cultivada en laboratorio**: agricultura celular que produce carne sin animales
- **Biosensores de cultivos**: plantas que señalan signos tempranos de sequía, plagas o deficiencia de nutrientes.

12.3.5. Desafíos y perspectivas futuras

A pesar de su promesa, persisten los desafíos:

- Bioseguridad y preocupaciones éticas sobre la liberación de organismos modificados genéticamente
- Escalabilidad y rentabilidad en biofabricación
- Percepción pública y obstáculos regulatorios

Las áreas de enfoque futuras incluyen:

- Diseño de circuitos genéticos a prueba de fallos
- Expandiendo el código genético
- Construcción de celdas mínimas totalmente sintéticas para aplicaciones novedosas

13. Envejecimiento celular y senescencia

13.1. Telómeros y telomerasa

El envejecimiento celular es un proceso biológico fundamental asociado con la disminución progresiva de la función celular. En el corazón del envejecimiento se encuentra la **senescencia celular**, un estado en el que las células dejan de dividirse pero permanecen metabólicamente activas. Este proceso desempeña una doble función: actúa como un mecanismo supresor de tumores y contribuye a la degeneración del tejido relacionada con la edad. Uno de los actores moleculares clave en el envejecimiento celular es el **sistema telómero-telomerasa**, que se explora en la siguiente sección.

Los telómeros son tapas protectoras situadas en los extremos de los cromosomas que evitan la inestabilidad genómica. Con cada división celular, los telómeros se acortan progresivamente, lo que finalmente desencadena la senescencia celular o apoptosis. La telomerasa, un complejo enzimático, desempeña un papel crucial en la extensión de los telómeros y el mantenimiento de la integridad genómica, particularmente en las células madre, las células germinales y las células cancerosas.

13.1.1. Estructura y función de los telómeros

- Los telómeros consisten en secuencias repetitivas de ADN (TTAGGG en vertebrados) y proteínas shelterina asociadas que protegen los extremos de los cromosomas.
- Estas estructuras evitan que los extremos cromosómicos se reconozcan como roturas de ADN.
- El acortamiento de los telómeros se produce debido al "problema de replicación final" durante la síntesis de ADN.

13.1.2. Complejo enzimático telomerasa

La telomerasa es una ribonucleoproteína compuesta por:

- **TERT (transcriptasa inversa de telomerasa):** subunidad catalítica
- **TERC (componente de ARN de la telomerasa):** molde de ARN utilizado para extender los telómeros

Activo en células germinales, células madre y ~ 90% de las células cancerosas, pero generalmente reprimido en células somáticas.

13.1.3. Acortamiento de los telómeros y senescencia replicativa

- A medida que las células se dividen, los telómeros se acortan hasta alcanzar una longitud crítica, activando **las vías de respuesta al daño del ADN** (por ejemplo, p53, p21).

- Esto conduce a la **senescencia replicativa**, una detención permanente del crecimiento que limita la capacidad proliferativa de las células.

- Este mecanismo es esencial para la supresión tumoral, pero contribuye al envejecimiento de los tejidos.

13.1.4. Reactivación de la telomerasa en el cáncer

- En muchos cánceres, **la telomerasa se reactiva**, lo que permite una replicación ilimitada y la inmortalidad celular.

- Los inhibidores de la telomerasa se están explorando como **posibles terapias contra el cáncer**.

- Por el contrario, la activación de la telomerasa en las células madre puede ofrecer potencial terapéutico para la medicina regenerativa.

13.2. Mecanismos moleculares del envejecimiento

El envejecimiento es un proceso complejo y multifactorial impulsado por una serie de vías moleculares interconectadas. Estos mecanismos contribuyen al deterioro progresivo de la función celular y tisular y están implicados en numerosas enfermedades asociadas a la edad. La comprensión de estos fundamentos moleculares es esencial para el desarrollo de terapias antienvejecimiento dirigidas.

13.2.1. Inestabilidad genómica

- **La acumulación de daño** en el ADN aumenta con la edad debido a factores internos (p. ej., especies reactivas de oxígeno) y externos (p. ej., radiación, productos químicos).
- **Las vías defectuosas de reparación del ADN**, incluida la reparación por escisión de bases y la unión de extremos no homólogos, contribuyen a las mutaciones y aberraciones cromosómicas.
- La inestabilidad genómica es un sello distintivo tanto del envejecimiento como del cáncer.

13.2.2. Alteraciones epigenéticas

- El envejecimiento se asocia con **la hipometilación global** y **la hipermetilación localizada** del ADN, lo que afecta la expresión génica.
- Los patrones de modificación de las histonas cambian, alterando la accesibilidad de la cromatina y la regulación transcripcional.
- Estos cambios epigenéticos influyen en la identidad celular, la inflamación y la susceptibilidad a la enfermedad.

13.2.3. Pérdida de proteostasis

- La proteostasis se refiere al equilibrio del plegamiento, la degradación y la síntesis de proteínas.
- El envejecimiento afecta la función del **proteasoma**, la **autofagia** y el **plegamiento mediado por chaperonas**, lo que lleva a la acumulación de proteínas mal plegadas o dañadas.
- La agregación de proteínas es un sello distintivo de las enfermedades neurodegenerativas como el Alzheimer y el Parkinson.

13.2.4. Disfunción mitocondrial

- Las mitocondrias generan ATP y regulan la apoptosis, pero también producen **especies reactivas de oxígeno (ROS).**
- Con la edad, **las mutaciones del ADN mitocondrial (ADNmt)** se acumulan, lo que perjudica la fosforilación oxidativa.
- Las mitocondrias dañadas desencadenan inflamación y muerte celular, lo que contribuye a la degeneración de los tejidos.

13.2.5. Senescencia celular y señalización inflamatoria

- Las células senescentes secretan **factores proinflamatorios** conocidos como **fenotipo secretor asociado a la senescencia (SASP).**
- La inflamación crónica de bajo grado o "**inflamación**" exacerba el daño y la disfunción tisular.
- Los componentes de SASP incluyen IL-6, IL-8 y metaloproteinasas de matriz.

13.2.6. Vías de detección de nutrientes desreguladas

Las vías de señalización clave involucradas en la detección de nutrientes incluyen:

- Vía de la insulina/IGF-1
- AMPK (proteína quinasa activada por AMP)
- mTOR (diana mecanicista de la rapamicina)
- Sirtuinas (SIRT1–7)

La restricción calórica y compuestos como la **rapamicina** o el **resveratrol** se dirigen a estas vías para prolongar la vida útil en organismos modelo.

13.3. Estrategias y terapias antienvejecimiento

La creciente comprensión de los mecanismos del envejecimiento molecular ha acelerado el desarrollo de estrategias destinadas a retrasar, prevenir o revertir el deterioro celular relacionado con la edad. Estas intervenciones van desde enfoques basados en el estilo de vida hasta terapias moleculares de vanguardia.

13.3.1. La restricción calórica y las dietas que imitan el ayuno

- **Se ha demostrado sistemáticamente que la restricción calórica (RC),** es decir, la reducción de la ingesta de calorías sin malnutrición, prolonga **la esperanza de vida** y **retrasa la aparición de enfermedades relacionadas con la edad** en múltiples especies.

- La RC mejora la **función mitocondrial**, reduce **el estrés oxidativo** y regula las vías de **insulina/IGF-1** y **mTOR**.

- **Las dietas que imitan el ayuno (FMD)** ofrecen beneficios similares al inducir la reprogramación metabólica sin una reducción calórica continua.

13.3.2. Senolíticos y senomórficos

- **Los senolíticos** son compuestos que **eliminan selectivamente las células senescentes**, reduciendo la inflamación crónica y promoviendo la regeneración de tejidos.
- Algunos ejemplos son **el dasatinib**, **la quercetina** y **la fisetina**.
- **Los senomórficos** suprimen el perfil secretor dañino (SASP) de las células senescentes sin matarlas.

13.3.3. Potenciadores de NAD+ y activadores de sirtuinas

- **Los niveles de NAD+ (dinucleótido de nicotinamida y adenina)** disminuyen con la edad, lo que perjudica el metabolismo energético y la reparación del ADN.
- Compuestos como el **ribósido de nicotinamida (NR)** y el **mononucleótido de nicotinamida (NMN)** restauran los niveles de NAD+.
- **Las sirtuinas**, especialmente **SIRT1**, son enzimas dependientes de NAD+ involucradas en la extensión de la vida útil y la resistencia al estrés.

13.3.4. Inhibidores de mTOR y rapalos

- La **vía mTOR** regula el crecimiento, el metabolismo y la autofagia y, a menudo, es hiperactiva en las células envejecidas.
- **La rapamicina** y sus análogos (**rapalos**) prolongan la vida útil en modelos animales al inhibir mTORC1, promover la autofagia y reducir la inflamación.

- Los efectos secundarios y la dosificación óptima siguen siendo áreas de investigación en curso.

13.3.5. Activación de la telomerasa y terapia génica

- **La activación de la telomerasa** puede retrasar la senescencia replicativa al extender los telómeros, particularmente en las células madre e inmunitarias.
- **Los enfoques de terapia génica** tienen como objetivo regular al alza **la TERT**, la subunidad catalítica de la telomerasa.
- Las preocupaciones incluyen **el potencial oncogénico** debido a la inmortalización mediada por telómeros.

13.3.6. Reprogramación epigenética y factores Yamanaka

- La expresión transitoria de **los factores Yamanaka** (Oct4, Sox2, Klf4, c-Myc) puede **reprogramar parcialmente las células envejecidas**, revirtiendo el envejecimiento epigenético sin inducir pluripotencia.
- Este enfoque ha restaurado **la función juvenil** en tejidos como la retina, el músculo y el páncreas en modelos preclínicos.
- Una frontera prometedora para **revertir la edad biológica** sin perder la identidad celular.

14. Respuestas celulares al estrés ambiental

Las células se enfrentan constantemente a desafíos ambientales como el estrés oxidativo, el calor, las toxinas y el daño mecánico. Su capacidad para detectar, responder y recuperarse de estos insultos es vital para la supervivencia y la función. Este capítulo se centra en las vías de respuesta molecular, en particular el manejo del estrés oxidativo y la expresión de proteínas de choque térmico.

14.1. Proteínas de estrés oxidativo y choque térmico

14.1.1. Estrés oxidativo y especies reactivas de oxígeno (ROS)

- **Las especies reactivas de oxígeno (ROS)** como el superóxido, el peróxido de hidrógeno y los radicales hidroxilo son subproductos naturales del metabolismo celular.
- Cuando **los niveles de ROS superan la capacidad** antioxidante, se produce estrés oxidativo, lo que provoca daños en el **ADN, oxidación de proteínas** y **peroxidación lipídica**.
- Las mitocondrias son el sitio principal de la generación de ROS, especialmente durante la **disfunción de la** cadena de transporte de electrones (ETC).
- El estrés oxidativo activa vías de señalización como **NF-κB, Nrf2** y **p53**, influyendo en la inflamación, la detención del ciclo celular o la apoptosis.

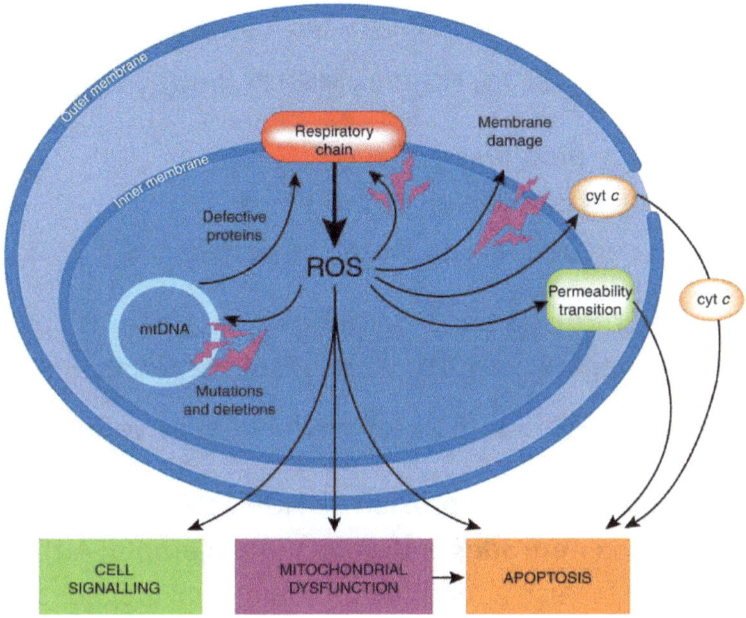

Figura 14.1: Visión general de la producción de ROS en mitocondrias y su impacto en los componentes celulares. Fuente: ResearchGate. Enlace: https://www.researchgate.net/figure/Fig2-Overview-of-mitochondrial-ROS-production-ROS-production-within-mitochondria-can_fig3_51150692

14.1.2. Mecanismos de defensa antioxidante

- Las células despliegan antioxidantes enzimáticos como **la superóxido dismutasa (SOD),** la **catalasa** y la **glutatión peroxidasa (GPx)** para neutralizar las ROS.

- **Los antioxidantes no enzimáticos** incluyen **vitamina C, vitamina E** y **glutatión (GSH).**

- **Nrf2** es un factor de transcripción clave que regula la expresión génica antioxidante. Bajo estrés, Nrf2 se transloca al núcleo y activa genes con **elementos de respuesta antioxidante (ARE).**

14.1.3. Proteínas de choque térmico (HSP) y protección celular

Las proteínas de choque térmico (HSP) son chaperonas moleculares inducidas por el calor, las toxinas, los metales pesados y el estrés oxidativo.

Los HSP clave incluyen **HSP70**, **HSP90** y **HSP27**, que ayudan en:

- Plegamiento de proteínas
- Prevención de la agregación de proteínas
- Repliegue o degradación de proteínas dañadas

La expresión está controlada por el **factor de choque térmico 1 (HSF1),** que activa la transcripción de HSP en respuesta al estrés.

14.1.4. Papel de las HSP en la enfermedad y el envejecimiento

- La desregulación de la expresión de HSP está relacionada con **enfermedades neurodegenerativas** (por ejemplo, Alzheimer, Parkinson), donde se acumulan proteínas mal plegadas.

- En el cáncer, algunos tumores sobreexpresan HSPs para evadir la apoptosis y mejorar la supervivencia, lo que convierte a las HSPs en posibles **dianas terapéuticas**.

- Las células envejecidas a menudo exhiben una señalización de respuesta al estrés deteriorada, niveles reducidos de HSP y daño oxidativo elevado.

14.2. Hipoxia, detección de nutrientes y adaptaciones metabólicas

Las células deben monitorear y adaptarse constantemente a los cambios en la disponibilidad de oxígeno, los niveles de nutrientes y la demanda de energía. La hipoxia (bajo nivel de oxígeno) y las fluctuaciones de nutrientes desencadenan complejos mecanismos reguladores que mantienen la homeostasis y favorecen la supervivencia bajo estrés. Esta sección explora los actores moleculares clave en la señalización de hipoxia, las vías de detección de nutrientes y las estrategias de adaptación metabólica.

14.2.1. La hipoxia y la vía HIF

- **Los factores inducibles por hipoxia (HIF)** son factores de transcripción fundamentales para la respuesta celular al bajo nivel de oxígeno.
- Bajo oxígeno normal (normoxia), **HIF-1α** es hidroxilado por prolil hidroxilasas y dirigido para su degradación por la **ubiquitina ligasa E3 de VHL**.
- En condiciones hipóxicas, se inhibe la hidroxilación, estabilizando el HIF-1α, que se dimeriza con **el HIF-1β**, se transloca al núcleo y activa los genes que responden a la hipoxia.
- Los objetivos incluyen **VEGF (angiogénesis), EPO (eritropoyesis)** y **enzimas glucolíticas**.

14.2.2. Vías de detección de nutrientes: mTOR y AMPK

- La vía **mTOR (objetivo mecanicista de la rapamicina)** detecta los aminoácidos, la glucosa y los factores de crecimiento, promoviendo procesos anabólicos como la síntesis de proteínas y el crecimiento celular.
- Por el contrario, la **proteína quinasa activada por AMP (AMPK)** se activa durante estados de baja energía (alta relación AMP/ATP), lo que desencadena procesos catabólicos para restaurar los niveles de ATP.
- mTOR y AMPK exhiben **una regulación recíproca**, equilibrando el crecimiento y la conservación de energía.

14.2.3. Reprogramación y adaptación metabólica

- La hipoxia y el estrés nutricional a menudo conducen a una **reprogramación metabólica**, donde las células pasan de la fosforilación oxidativa a la **glucólisis aeróbica (efecto Warburg).**
- Las células regulan al alza **los transportadores de glucosa (GLUT1)** y **las enzimas glucolíticas** para la producción de ATP bajo oxígeno limitado.
- **También se induce la autofagia** para reciclar los orgánulos dañados y proporcionar fuentes internas de nutrientes durante la inanición.
- Estas adaptaciones son particularmente importantes en **las células cancerosas, las células inmunitarias** y **las células madre**, lo que permite la supervivencia y la proliferación en condiciones adversas.

14.2.4. Interacción con la inflamación y la enfermedad

- La activación crónica de la hipoxia y las vías de detección de nutrientes contribuye a **las enfermedades inflamatorias, la diabetes, la obesidad** y **el cáncer**.
- La actividad desregulada de mTOR está relacionada con la resistencia a la **insulina** y el crecimiento tumoral.
- La hipoxia en el microambiente tumoral aumenta la **angiogénesis, la evasión inmunitaria** y el **potencial metastásico**.
- Las estrategias terapéuticas tienen como objetivo dirigirse a estas vías utilizando **inhibidores de HIF**, **moduladores de mTOR** y **activadores de AMPK**.

14.3. Respuestas inmunitarias e inflamatorias

El sistema inmunitario es esencial para defenderse de los patógenos y mantener la homeostasis celular. En respuesta al estrés celular, la infección o el daño tisular, se activan las vías inmunitarias e inflamatorias, que implican una compleja interacción de moléculas de señalización, células inmunitarias y regulación génica. Esta sección explora los mecanismos moleculares que subyacen a la activación inmunitaria y la inflamación a nivel celular.

14.3.1. Inmunidad innata y receptores de reconocimiento de patrones (PRR)

- **La inmunidad innata** es la primera línea de defensa e involucra **receptores de reconocimiento de patrones (PRR)** que detectan **patrones moleculares asociados a patógenos (PAMP)** y **patrones moleculares asociados al daño (DAMP).**
- Los PRR clave incluyen **receptores tipo Toll (TLR), receptores similares a NOD (NLR)** y **receptores similares a RIG-I (RRL).**
- Al ser reconocidos, estos receptores activan vías de señalización posteriores como **NF-κB** y **factores reguladores de interferón (IRF),** lo que conduce a la producción de **citocinas**, **quimiocinas** e **interferones de tipo I**.

14.3.2. Citocinas proinflamatorias y vías de señalización

- La inflamación es impulsada principalmente por **citocinas proinflamatorias**, como **el TNF-α**, **la IL-1β**, **la IL-6** y **el IFN-γ**.
- Estas citocinas orquestan el reclutamiento de células inmunitarias, promueven la fiebre y regulan al alza las moléculas de adhesión.

- **Las vías de señalización JAK-STAT** y **MAPK** son cruciales para la activación del receptor de citocinas y la transcripción de los genes de respuesta inmunitaria.
- La desregulación puede provocar **inflamación crónica** y **enfermedades autoinmunes**.

14.3.3. Reclutamiento y resolución de células inflamatorias

- Las quimiocinas como **CXCL8 (IL-8)** y **CCL2** atraen a **los neutrófilos, monocitos y células T** a los sitios de infección o lesión.
- Las células endoteliales expresan **selectinas e integrinas** para facilitar la adhesión y extravasación de las células inmunitarias.
- La resolución de la inflamación implica **la polarización de los macrófagos (M1 a M2), las citocinas antiinflamatorias (por ejemplo, IL-10)** y la **eliminación de las células apoptóticas**.

14.3.4. Diafonía celular en redes inmunitarias e inflamatorias

- **Las células dendríticas**, **los macrófagos**, **las células T** y **las células epiteliales** interactúan a través de redes de citocinas y contacto directo célula-célula.
- **Los inflamasomas**, como **NLRP3**, activan la caspasa-1 y promueven la maduración de **IL-1β** e **IL-18**, amplificando la respuesta inflamatoria.
- **La diafonía entre las células inmunitarias y no inmunitarias** en tejidos como el intestino, los pulmones y la piel regula la inmunidad y la tolerancia específicas de los tejidos.

14.3.5. Implicaciones en la enfermedad y la focalización terapéutica

- La activación inmunitaria crónica y la inflamación no resuelta son fundamentales para enfermedades como **la artritis reumatoide**, **la aterosclerosis**, **la enfermedad inflamatoria intestinal (EII)** y **el cáncer**.
- Las estrategias terapéuticas incluyen **inhibidores de citocinas (por ejemplo, agentes anti-TNF)**, **antagonistas de TLR** e **inhibidores del inflamasoma**.
- Los enfoques de medicina de precisión tienen como objetivo dirigirse a vías inflamatorias específicas basadas en perfiles **moleculares**.

Apéndice A: Protocolos comunes de laboratorio

Este apéndice proporciona protocolos concisos, paso a paso, para técnicas esenciales de biología molecular y celular. Estos procedimientos son ampliamente utilizados en los laboratorios de investigación y sirven como herramientas fundamentales para la experimentación y la generación de datos.

A.1. Extracción de ADN (método de fenol-cloroformo)

Propósito: Aislar ADN genómico de alta calidad de células o tejidos.

Materiales:

- Tampón de lisis (p. ej., Tris-EDTA con SDS)
- Proteinasa K
- Fenol: cloroformo: alcohol isoamílico (25:24:1)
- Etanol (100% y 70%)
- Búfer TE

Protocolo:

1. Lisar las células en tampón de lisis; incubar con proteinasa K a 56°C durante 1 hora.
2. Agregue un volumen igual de fenol: cloroformo: alcohol isoamílico; vórtice y centrífuga.
3. Transfiera la fase acuosa a un nuevo tubo; Repita la extracción si es necesario.
4. Precipitar el ADN con etanol 100% frío; Lavar con etanol al 70%.
5. Seque al aire y vuelva a suspender el ADN en el tampón TE.

A.2. Electroforesis en gel de agarosa para análisis de ADN

Propósito: Separar los fragmentos de ADN por tamaño.

Materiales:

- Agarosa en polvo
- Búfer TAE o TBE
- Bromuro de etidio o tinción alternativa
- Escalera de ADN
- Bandeja y peine de fundición en gel

Protocolo:

1. Prepare gel de agarosa (0,8-2% dependiendo del tamaño del fragmento).
2. Cargue las muestras de ADN y la escalera en los pozos.
3. Deje correr el gel a 80-120 V hasta que se separe adecuadamente.
4. Visualice bandas bajo luz ultravioleta o azul.

A.3. Reacción en cadena de la polimerasa (PCR)

Propósito: Amplificar secuencias específicas de ADN.

Materiales:

- Plantilla de ADN
- Cebadores de avance y retroceso
- dNTPs
- ADN polimerasa Taq

- Tampón de PCR
- Termociclador

Protocolo:

1. Mezclar componentes: tampón, dNTP, cebadores, polimerasa, plantilla.

2. Ejecute el programa PCR:

2a. Desnaturalización inicial: 95°C, 3 min

2b. 25–35 ciclos de:

- Desnaturalización: 95°C, 30 seg
- Recocido: 50–65 °C, 30 seg
- Extensión: 72°C, 1 min/kb

2c. Extensión final: 72°C, 5 min

3. Analice el producto mediante electroforesis en gel de agarosa.

A.4. Aislamiento de ARN (método TRIzol)

Propósito: Extraer ARN total de las células.

Materiales:

- Reactivo TRIzol
- Cloroformo
- Isopropanol
- Etanol
- Agua libre de RNasa

Protocolo:

1. Células de lisis en TRIzol; Agregue el cloroformo y agite.

2. Centrífuga para separar fases.
3. Transfiera la fase acuosa a un nuevo tubo; precipitar ARN con isopropanol.
4. Pellet de lavado con etanol al 75%; Secar al aire y resuspender en agua libre de RNasa.

A.5. SDS-PAGE y Western Blotting

Propósito: Detectar proteínas específicas en una muestra.

Materiales:

- Gel SDS-PAGE
- Muestras de proteínas
- Búfer de transferencia
- Membrana de PVDF/nitrocelulosa
- Anticuerpos primarios y secundarios
- Sustrato quimioluminiscente

Protocolo:

1. Cargue proteínas y ejecute SDS-PAGE.
2. Transfiere proteínas a la membrana.
3. Bloquee la membrana (por ejemplo, con leche al 5%).
4. Incubar con anticuerpo primario, lavar.
5. Incubar con anticuerpo secundario conjugado con HRP.
6. Revele utilizando sustrato e imagen.

Apéndice B: Glosario de términos clave

Este glosario proporciona definiciones concisas de los términos clave utilizados a lo largo del libro para ayudarlo a comprender los conceptos avanzados de biología celular y molecular.

A

- **Alelo**: Forma variante de un gen que se encuentra en un locus específico de un cromosoma.
- **Apoptosis**: Muerte celular programada caracterizada por cambios morfológicos celulares específicos y eventos bioquímicos.
- **Autofagia**: Proceso celular regulado en el que las células degradan y reciclan sus propios componentes a través de los lisosomas.

B

- **Bioinformática**: Aplicación de herramientas computacionales para almacenar, recuperar, analizar y visualizar datos biológicos.
- **Biorreactor**: Recipiente o dispositivo utilizado para cultivar organismos en condiciones controladas para procesos biológicos o bioquímicos.

C

- **cromatina**: Complejo de ADN y proteínas (principalmente histonas) en el núcleo que se condensa para formar cromosomas.
- **CRISPR**: Herramienta de edición del genoma derivada del sistema inmunitario bacteriano, utilizada para modificar genes con precisión.
- **Ciclinas**: Proteínas reguladoras que controlan la progresión de las células a través del ciclo celular mediante la activación de las quinasas dependientes de ciclinas (CDK).

D

- **Metilación del ADN**: Mecanismo epigenético que implica la adición de grupos metilo al ADN, que afecta la expresión génica sin cambiar la secuencia.
- **Diferenciación**: Proceso por el cual las células se desarrollan en tipos distintos con funciones especializadas.

E

- **Epigenética**: Estudio de los cambios hereditarios en la expresión génica que no implican cambios en la secuencia del ADN.
- **Exón**: Segmento de una molécula de ADN o ARN que contiene información que codifica una secuencia de proteínas o péptidos.

G

- **Expresión Génica**: Proceso por el cual se utiliza la información genética para sintetizar productos génicos (proteínas o ARN).
- **Genoma**: Conjunto completo de material genético de un organismo.

H

- **Histonas**: Proteínas alrededor de las cuales se enrolla el ADN en el núcleo; desempeñan un papel en la estructura de la cromatina y la regulación génica.
- **Hipoxia**: Afección en la que el tejido se ve privado de un suministro adecuado de oxígeno.

M

- **Metabolómica**: Estudio a gran escala de moléculas pequeñas (metabolitos) dentro de células, biofluidos, tejidos u organismos.

- **Mitosis**: Tipo de división celular que da como resultado dos células hijas con cromosomas idénticos a la célula madre.

O

- **Ómicas**: Tecnologías colectivas utilizadas para explorar los roles, relaciones y acciones de los diversos tipos de moléculas que componen las células de un organismo.

P

- **PCR (Reacción en Cadena de la Polimerasa):** Una técnica para amplificar secuencias de ADN utilizando ciclos de desnaturalización, recocido y extensión.
- **Proteómica**: Estudio a gran escala de las proteínas, en particular de sus estructuras y funciones.
- **Células Madre Pluripotentes**: Células que pueden convertirse en casi todos los tipos de células del cuerpo.

R

- **ARN de Interferencia (ARNi):** Proceso biológico en el que las moléculas de ARN inhiben la expresión génica mediante la destrucción de moléculas específicas de ARNm.
- **Ribosoma**: Máquina molecular de la célula que sintetiza proteínas a partir de plantillas de ARN mensajero.

S

- **Vías de Señalización**: Una serie de interacciones moleculares que transmiten información de los receptores a las moléculas diana dentro de la célula.

- **Célula Madre**: Célula indiferenciada capaz de dar lugar a más células del mismo tipo y a células diferenciadas.

T

- **Telómero**: Capa protectora al final de un cromosoma que se acorta con cada división celular.
- **Transcriptómica**: Estudio del conjunto completo de transcripciones de ARN producidas por el genoma.

U

- **Ubiquitina**: Pequeña proteína que marca a otras proteínas para su degradación por el proteasoma.

Z

- **Cigoto**: Óvulo fecundado que resulta de la fusión de un espermatozoide y un óvulo.

Apéndice C: Recursos en línea y bases de datos

En este apéndice se enumeran herramientas, bases de datos y plataformas en línea confiables esenciales para estudiantes, educadores e investigadores en biología celular y molecular avanzada. Estos recursos apoyan el análisis de datos, la planificación experimental, el descubrimiento de literatura y el aprendizaje continuo.

1. Centro Nacional de Información Biotecnológica (NCBI)

- **Sitio web:** https://www.ncbi.nlm.nih.gov
- **Uso:** Acceso a PubMed, GenBank, BLAST y numerosas bases de datos genómicas y de proteínas.
- **Propósito:** Revisión de la literatura, alineación de secuencias, información génica y variación genética.

2. UniProt (Recurso Universal de Proteínas)

- **Sitio web:** https://www.uniprot.org
- **Uso:** Base de datos de secuencias de proteínas y anotaciones funcionales.
- **Propósito:** Identificación de proteínas, estructura, dominios y modificaciones postraduccionales.

3. Navegador Ensembl Genome

- **Sitio web:** https://www.ensembl.org
- **Uso:** Datos genómicos de vertebrados y organismos modelo.
- **Propósito:** Exploración genómica, expresión génica y genómica comparativa.

4. KEGG: Enciclopedia de Genes y Genomas de Kioto

- **Sitio web:** https://www.genome.jp/kegg/
- **Uso:** Mapas de vías para el metabolismo, la transducción de señales y las enfermedades.
- **Propósito:** Analizar y comprender sistemas biológicos a partir de información a nivel molecular.

5. GeneCards – La Base de Datos de Genes Humanos

- **Sitio web:** https://www.genecards.org
- **Uso:** Información detallada sobre los genes humanos.
- **Propósito:** Genómica funcional, asociaciones gen-enfermedad, datos de expresión.

6. EMBL-EBI (Instituto Europeo de Bioinformática)

- **Sitio web:** https://www.ebi.ac.uk
- **Uso:** Servicios de bioinformática que incluyen herramientas para dominios, interacciones y alineaciones de proteínas.
- **Finalidad:** Análisis integrador de datos biológicos.

7. Atlas del cerebro de Allen

- **Sitio web:** https://portal.brain-map.org
- **Uso:** Mapas de expresión génica en el cerebro.
- **Finalidad:** Estudios de neurobiología y transcriptómica.

8. Atlas de proteínas humanas

- **Sitio web:** https://www.proteinatlas.org
- **Uso:** Expresión y localización de proteínas en tejidos y células.

- **Propósito:** Descubrimiento de biomarcadores de proteínas, inmunohistoquímica.

9. Navegador del genoma de la UCSC

- **Sitio web:** https://genome.ucsc.edu
- **Uso:** Explore genomas con pistas de anotación y herramientas de genómica comparativa.
- **Propósito:** Visualización genómica, mapeo de genes, conocimientos evolutivos.

10. Base de datos de la vía del reactoma

- **Sitio web:** https://reactome.org
- **Uso: Rutas** y reacciones biológicas seleccionadas.
- **Propósito:** Explorar las redes de interacción molecular, la señalización y el metabolismo.

11. PDB (Banco de Datos de Proteínas)

- **Sitio web:** https://www.rcsb.org
- **Uso:** Estructuras 3D de macromoléculas biológicas.
- **Propósito:** Biología estructural, diseño de fármacos, acoplamiento molecular.

12. Repositorio de plásmidos Addgene

- **Sitio web:** https://www.addgene.org
- **Uso:** Repositorio de plásmidos sin fines de lucro y uso compartido de protocolos.
- **Propósito:** Clonación molecular, entrega de genes, herramientas CRISPR.

13. Base de datos de vías de tecnología de señalización celular (CST)

- **Sitio web:** https://www.cellsignal.com/pathways
- **Uso:** Diagramas de vías de señalización y reactivos relacionados.
- **Objetivo:** Diseño experimental y estudios de expresión de proteínas.

14. Puerta de investigación

- **Sitio web:** https://www.researchgate.net
- **Uso:** Red académica para acceder a documentos, discusiones y colaboración.
- **Propósito: Conectar** con investigadores, compartir datos, hacer preguntas.

15. Central de PubMed (PMC)

- **Sitio web:** https://www.ncbi.nlm.nih.gov/pmc/
- **Uso: Acceso** libre a texto completo de literatura biomédica.
- **Propósito:** Revisión de literatura, minería de referencias, revistas de acceso abierto.

Apéndice D: Lecturas Adicionales y Revistas Recomendadas

Este apéndice proporciona una lista seleccionada de libros de texto, artículos de revisión y revistas revisadas por pares que son valiosos para una exploración más profunda de los temas tratados en este libro. Estos recursos sirven a estudiantes, educadores e investigadores que buscan información integral o avances actualizados en los campos de la biología celular y molecular.

A. Libros de texto y libros recomendados

1. **Biología molecular de la célula** – Alberts, B. et al.

- Una referencia fundamental en biología celular; Conocido por su claridad y profundidad.
- ISBN: 978-0815344322

2. **La célula: un enfoque molecular** - Cooper, G.M., & Hausman, R.E.

- Se centra en enfoques experimentales para comprender la biología celular.
- ISBN: 978-1605352909

3. **Los genes de Lewin XII** – Krebs, J.E., Goldstein, E.S., & Kilpatrick, S.T.

- Libro completo sobre la estructura y función de los genes.
- ISBN: 978-1284104493

4. **Biología celular molecular** - Lodish, H. et al.

- Un rico recurso que combina procesos moleculares y celulares.
- ISBN: 978-1319114671

5. **Biología celular esencial** - Alberts, B. et al.

- Una versión accesible *de la Biología Molecular de la Célula* para principiantes.

- ISBN: 978-0393884821

6. Epigenética – Allis, C.D., Jenuwein, T., Reinberg, D.

- Cubre los mecanismos epigenéticos fundamentales y emergentes.
- ISBN: 978-1936113231

7. Principios de Manipulación Génica y Genómica – Primrose, S.B. & Twyman, R.M.

- Se centra en técnicas y aplicaciones de ingeniería genética.
- ISBN: 978-1405135443

8. Células madre: de la biología a la terapia – Editores: Kursad Turksen

- Exploración en profundidad de la biología de las células madre y su potencial terapéutico.
- ISBN: 978-3030569246

9. Biología del cáncer - Weinberg, R.A.

- Un examen detallado de las bases moleculares del cáncer.
- ISBN: 978-0815342205

10. Biología sintética: una cartilla - Tucker, J. y Zilinskas, R.

- Proporciona una amplia visión general de las tecnologías de biología sintética.
- ISBN: 978-0262527736

B. Revistas revisadas por pares

1. Biología Celular y Molecular General

- *Célula* – https://www.cell.com
- *Biología Celular de la Naturaleza* – https://www.nature.com/ncb/
- *Revista de Biología Celular (JCB)* - https://jcb.rupress.org

- *Biología Molecular de la Célula (MBoC)* – https://www.molbiolcell.org

2. Genética y genómica

- *Nature Genetics* – https://www.nature.com/ng/
- *Investigación del genoma* – https://genome.cshlp.org
- *BMC Genomics* – https://bmcgenomics.biomedcentral.com

3. Cáncer y oncología

- *Célula cancerosa* – https://www.cell.com/cancer-cell
- *Nature Reviews Cáncer* – https://www.nature.com/nrc/
- *Oncogén* – https://www.nature.com/onc/

4. Investigación con células madre

- *Informes de Células Madre* – https://www.cell.com/stem-cell-reports
- *Célula Célula Madre* – https://www.cell.com/cell-stem-cell
- *Células madre* – https://stemcellsjournals.onlinelibrary.wiley.com

5. Biología Sintética y Biología de Sistemas

- *ACS Biología Sintética* – https://pubs.acs.org/journal/asbcd6
- *Nature Communications: Colección de Biología Sintética* – https://www.nature.com/collections/gjjcjcjbfc

6. Envejecimiento y senescencia celular

- *Célula de envejecimiento* – https://onlinelibrary.wiley.com/journal/14749726
- *Las Revistas de Gerontología: Serie A* – https://academic.oup.com/biomedgerontology

Referencias y fuentes de citas

Referencias fundacionales y revisadas por pares

Nota: Las referencias se mantienen en su idioma original para garantizar la precisión de la citación.

Alberts, B., Johnson, A., Lewis, J., Raff, M., Roberts, K., & Walter, P. (2014). *Molecular biology of the cell* (6th ed.). Garland Science.

Lodish, H., Berk, A., Kaiser, C. A., Krieger, M., Bretscher, A., Ploegh, H., ... & Darnell, J. (2021). *Molecular cell biology* (9th ed.). W.H. Freeman.

Cooper, G. M., & Hausman, R. E. (2019). *The cell: A molecular approach* (8th ed.). Sinauer Associates.

Lewin, B. (2020). *Genes XII*. Jones & Bartlett Learning.

Pierce, B. A. (2020). *Genetics: A conceptual approach* (7th ed.). W.H. Freeman.

Berg, J. M., Tymoczko, J. L., Gatto, G. J., & Stryer, L. (2019). *Biochemistry* (9th ed.). W.H. Freeman.

Watson, J. D., Baker, T. A., Bell, S. P., Gann, A., Levine, M., & Losick, R. (2013). *Molecular biology of the gene* (7th ed.). Pearson.

Allis, C. D., Caparros, M. L., Jenuwein, T., & Reinberg, D. (2015). *Epigenetics* (2nd ed.). Cold Spring Harbor Laboratory Press.

Doudna, J. A., & Sternberg, S. H. (2017). *A crack in creation: Gene editing and the unthinkable power to control evolution*. Houghton Mifflin Harcourt.

Lodish, H. (2021). *Introduction to recombinant DNA technology and applications*. In *Molecular cell biology* (9th ed.). W.H. Freeman.

Weinberg, R. A. (2013). *The biology of cancer* (2nd ed.). Garland Science.

Lander, E. S. (2011). Initial impact of the sequencing of the human genome. *Nature*, 470(7333), 187–197. https://doi.org/10.1038/nature09792

He, L., & Hannon, G. J. (2004). MicroRNAs: Small RNAs with a big role in gene regulation. *Nature Reviews Genetics*, 5(7), 522–531.

van der Oost, J., Westra, E. R., Jackson, R. N., & Wiedenheft, B. (2014). Unravelling the structural and mechanistic basis of CRISPR–Cas systems. *Nature Reviews Microbiology*, 12(7), 479–492.

Bassett, A. R., & Liu, J. L. (2014). CRISPR/Cas9 mediated genome engineering in Drosophila. *Methods*, 69(2), 128–136.

Fuentes de Wikipedia y Wikimedia

Wikipedia contributors. (2024). *CRISPR*. Wikipedia. https://en.wikipedia.org/wiki/CRISPR

Wikipedia contributors. (2024). *Cell signaling*. Wikipedia. https://en.wikipedia.org/wiki/Cell_signaling

Wikipedia contributors. (2024). *Heat shock protein*. Wikipedia. https://en.wikipedia.org/wiki/Heat_shock_protein

Wikipedia contributors. (2024). *Induced pluripotent stem cell*. Wikipedia. https://en.wikipedia.org/wiki/Induced_pluripotent_stem_cell

Wikimedia Commons contributors. (2024). *Illustrations of molecular biology*. Wikimedia Commons. https://commons.wikimedia.org/wiki/Category:Molecular_biology

ResearchGate y fuentes de acceso abierto

Zhao, Y., et al. (2020). Telomere shortening and aging: Mechanisms and therapeutic targets. *Aging and Disease*. https://www.researchgate.net/publication/339147230

Khan, I., et al. (2021). Role of autophagy and apoptosis in cancer therapy. *ResearchGate*. https://www.researchgate.net/publication/350300002

Liu, Y., & Cao, X. (2016). Immunosuppressive cells in tumor immune escape and metastasis. *Journal of Molecular Cell Biology*. https://www.researchgate.net/publication/305977416

Qadir, M. I., & Malik, S. A. (2010). Mechanism of gene silencing by RNA interference. *Biotechnology and Molecular Biology Reviews*, 5(9), 171–177. https://www.researchgate.net/publication/228668028

Mustafa, S. B. (2020). Synthetic biology: Future applications in industry. *ResearchGate*. https://www.researchgate.net/publication/344050881

Artículos de revistas sobre temas específicos

Macosko, E. Z., et al. (2015). Highly parallel genome-wide expression profiling of individual cells using nanoliter droplets. *Cell*, 161(5), 1202–1214.

Choudhuri, S. (2014). *Bioinformatics for beginners: Genes, genomes, molecular evolution, databases and analytical tools*. Academic Press.

Collins, F. S., & Varmus, H. (2015). A new initiative on precision medicine. *New England Journal of Medicine*, 372(9), 793–795.

Chari, R., Mali, P., Moosburner, M., & Church, G. M. (2015). Unraveling CRISPR-Cas9 genome engineering specificity using in vitro assays. *Nature Methods*, 12(7), 607–614.

Ghosh, S., & Tergaonkar, V. (2007). NF-κB and cellular responses to stress. *Science's STKE*, 2007(432), re8. https://doi.org/10.1126/stke.2007.432.re8

Biología Celular y Molecular Avanzada

Una inmersión profunda en la investigación de vanguardia, técnicas moleculares y fronteras emergentes en la ciencia celular

Publicado en los Estados Unidos

ISBN: 979-8-3492-5439-0

www.ingramcontent.com/pod-product-compliance
Lightning Source LLC
LaVergne TN
LVHW082230051026
849532LV00012B/3927
* 9 7 9 8 3 4 9 2 5 4 3 9 0 *